让数据成为生产力

数据全生命周期管理

◎ 孙 丹 沈寓实 赵 勇 著

清华大学出版社

北京

内 容 简 介

数据作为新型生产要素，推动经济发展、提升生产力。本书从数据的基础认知、数据圈的诞生和发展以及数据蕴含的未来等角度开始谈起，进一步讨论了数据全生命周期管理的核心节点，以及企业数据应用和管理的难点与重点，最后从数据传统应用的不同领域进行解读分析，全面阐释了什么是数据、数据的应用以及数据的未来等内容。通过本书，读者可以感受到数据开启的美好新时代，也可以预期在各行各业中，数据拥有将不可能变为可能的超能力。

全书共 9 章。第 1 章为基础章节，着重介绍了数据基本认知，包括数据起源、概念以及不断膨胀的数据圈；第 2 章对数据的不同类型、数据来源以及数据的创建位置等进行了深入介绍，让读者对数据有更全面的认知；第 3 章对于当前的数据以及数据的未来进行了分析和探讨；第 4～9 章重点着墨于数据的应用，介绍了数据全生命周期管理的相关内容，分析了企业数据应用的困境和重点，并且列举了数据应用较为突出的领域和前沿领域作为参考。本书全面、客观地从基础理论到应用实践，将数据生动、全面地展现在读者面前。

本书适合数据产业从业人士、研究人员，政府、高校、传统企业、科技行业从业者，正在进行数字化转型的企业管理者及员工，以及对数据经济、数字化转型有兴趣的相关人员阅读。

图书在版编目（CIP）数据

让数据成为生产力：数据全生命周期管理/孙丹，沈寓实，赵勇著. —北京：清华大学出版社，2023.4

ISBN 978-7-302-63077-7

Ⅰ．①让…　Ⅱ．①孙…②沈…③赵…　Ⅲ．①数据管理—研究　Ⅳ．①TP274

中国国家版本馆 CIP 数据核字（2023）第 043400 号

责任编辑：黄　芝　张爱华
封面设计：刘　键
责任校对：郝美丽
责任印制：沈　露

出版发行：清华大学出版社
　　　网　　　址：http://www.tup.com.cn，http://www.wqbook.com
　　　地　　　址：北京清华大学学研大厦 A 座　　邮　编：100084
　　　社　总　机：010-83470000　　　　　　　　邮　购：010-62786544
　　　投稿与读者服务：010-62776969，c-service@tup.tsinghua.edu.cn
　　　质量反馈：010-62772015，zhiliang@tup.tsinghua.edu.cn
　　　课件下载：http://www.tup.com.cn，010-83470236
印　装　者：天津鑫丰华印务有限公司
经　　　销：全国新华书店
开　　　本：145mm×210mm　　印张：9.375　　　字数：237 千字
版　　　次：2023 年 4 月第 1 版　　　　　　　　印次：2023 年 4 月第 1 次印刷
印　　　数：1～2500
定　　　价：69.80 元

产品编号：099636-01

当前，我们处在百年未有之大变局时代，世界经济由"物化"的商品经济迈向"非物化"的商品经济发展的时代。在这个时代中，全球的科技发展与竞争更加聚焦于数字、生物和绿色领域，这些领域正成为全球经济复苏的主旋律，也将会是全球范围经济社会转型的基本方向。

我们知道，信息化社会已经使我们的生产、生活发生了巨大的变化，而且正处于快速的发展期，并有超越"摩尔定律"的趋势。特别是数字经济的不断进步，使得创新的思维实现了一步接一步的跨越。

大数据采取了效率思维，通过大样本的数据采集和整理，提高了对事物规律的认识与精准度；互联网在平台思维的基础上，建立起开放式的信息生态圈或称为"信息高速公路"，并带动了社会化服务与跨界迭代，其流量和流速是突出的价值取向；物联网以镜像思维为导向，融合了互联网与实体经济，形成了线上与线下的互动，实现了可视化，带动了计算及处理能力的升级；人工智能与先进制造的崛起，与降维和升维的思维方式直接相关，通过在复杂事物中提取特征、把诸多信息集成、对微弱信息增强等手段，实现了超出人体器官功能的可视化、精准化，并具备自学习能力，虚拟现实、增强现实、混合现实等也相继问世；区块链的主导思维是自治性，其特点在于去中心化、分布式、开放性和高度透明；元宇宙的提出力图把所有信息技术深度融合,使之能够"相互赋能",相互赋能思维推动信息化社会的再次整合、提升。当前,量子技术的发展,又让我们感觉到一个新的时代的开始,从晶体管到量子调控将会再度改变我们的思维方式和认知水平。

中国正处于中国式现代化、实现民族振兴的艰苦爬坡期,高质量发展取决于新型技术和产业的进步。而数字化则是我们必须大力加强的领域。以机械和劳力为主的制造业,必将被人工智能的制造业所取代。社会基础服务、医疗健康、交通、教育等水平的提高在很大程度上也将期待并依赖数字经济的快速发展。

目前,全球数字产业化与产业数字化正处于"八仙过海,各显其能"阶段。中国在许多方面并不落后,而且有巨大的市场潜力,这些潜力也是动力。但是,我们也需认真对待面临的挑战和竞争的残酷性。

近年来,我国高度重视数字化在转型中的基础作用,将"数字中国"上升为国家战略。《"十四五"国家信息化规划》提出了十项任务,包括数字基础设施体系、数据要素资源体系、创新发展体系、数字产业体系、数字化转型发展体系、数字社会治理体系、数字政府服务体系、数字民生保障体系、国际合作体系与数字化发展治理体系。

近日,收到由孙丹女士、沈寓实博士和赵勇博士合力编纂的《让数据成为生产力——数据全生命周期管理》书稿,我读后不禁产生共鸣且深感欣慰。作者不仅深入浅出地阐述了数字化发展的结构、类型、传输、处理、安全、资产、价值等基础性理论与概念,也阐述了数字化对各行各业将会产生的影响作用。

数据经济的进步已经成为了社会、经济变革的重要驱动力,各行各业能够利用其相关领域的数据,实现重构性、颠覆性和螺旋式上升。发展数字经济是国家实现振兴必须跨越的一个坎,必须加快创新和市场化推进。它不仅是国内发展阶段的必然选择,也是参与国际竞争的迫切需求。

"积力之所举,则无不胜也;众智之所为,则无不成也",我们相信,在无数的个人、企业以及国家的共同努力下,我们能够撬动经济增长的新杠杆,实现生产力的新突破。

刘燕华

(刘燕华)

科技部原副部长

国际欧亚科学院院士

国务院参事室原参事

2023 年 2 月

人工智能、5G、物联网、大数据等信息技术的快速发展,推进了经济社会各个领域的数字化转型,全球数字化的脚步已势不可挡,新形态数字经济将会是助推全球经济发展的重要趋势导向。数字经济围绕"数据"这一关键生产要素,借由数字科技全面赋能生产、投资、消费、贸易复苏增长等方面,代表着新的生产力和新的发展方向。近年来,我国数字经济也取得巨大进步,新业态、新模式层出不穷,数字经济成为推动中国经济高质量发展的新引擎。目前,数字技术正在加快向实体经济的融合渗透,数字经济与其他产业融合深入推进,提升经济发展空间。

数据是数字经济时代的基础性资源和战略新资源,也是数字农业的发展基石,机械化与智能化之间只隔着一个"数据驱动"的距离,发现数据价值是数字农业发展的动力之源。中国不断鼓励科研成果的产业转化,产业与学术、农业与数据科学的跨界合作正在逐步深入,因此实现产业核心数据模型的自主研发是大势所趋。《中国制造2025》战略明确把"智能制造"作为主攻方向,顺应市场潮流,国内的多家老牌制造厂商已经积极开展数字化转型,寻找新的增长点。农机厂商也必将不断利用数据为机械赋能,适应数字农场的场景需求,实现从制造商向服务商的转型升级。

近日，应沈寓实博士之邀，为他与孙丹女士、赵勇博士的新书《让数据成为生产力——数据全生命周期管理》作序推荐，我深感荣幸。沈寓实博士是新一代信息技术领域的前沿探索者和创新引领者，长期深耕于云计算、人工智能、大数据等领域，致力于推进中国新一代网络计算体系核心技术的自主创新和国际合作，也于今年当选格鲁吉亚国家科学院院士。我们对于深度挖掘数据价值进而赋能传统业务数字化转型升级有着高度共识。孙丹女士也是云计算与大数据应用领域的行业领军人物，极具前瞻性的战略眼光，带领希捷把握了智慧城市的时代机遇。赵勇博士同样是业内知名专家。由这三位专家合作编撰的本书值得深入研读及广泛推荐。

《让数据成为生产力——数据全生命周期管理》一书，从数据的全生命周期剖析了数据从采集、处理到产生价值、赋能行业应用等多个关键环节，进而分析了企业在数据应用方面的困境和重点及破局之道，并对数据在智慧城市等前沿领域进行了展望，是不可多得的数据技术产业应用著作，对于数据产业从业人员和从事传统行业数字化转型升级的企业与个人都大有裨益。作为长期从事农业信息化的研究者和实践者，我也希望更多同行业人士能够阅读本书并从中获得启发，为我国数字农业发展"添砖加瓦"。

数字经济的蓬勃发展促进了新增市场主体的快速增长，也带动了传统行业的转型升级，创造了大量的就业岗位，成为保就业、保民生、保市场主体的重要渠道。促进数字经济健康发展、做强做大数字经济，已然成为"十四五"时期乃至今后更长一段时期我们把握新一轮科技革命和产业变革新机遇的战略路径选择。未来，会有更多人进入数字经济的领域从业，准确理解数据作为生产要

素的重要意义和关键作用,最大限度发挥数据的价值,相信本书将
提供重要指导和帮助。

（兰玉彬）

格鲁吉亚国家科学院院士

欧洲科学、艺术与人文学院院士

俄罗斯自然科学院院士

国家精准农业航空施药技术国际联合研究中心主任和

首席科学家

2022 年 12 月

　　数字经济,作为一个内涵比较宽泛的概念,凡是直接或间接利用数据来引导资源发挥作用、推动生产力发展的经济形态都可以纳入其范畴。作为经济学概念的数字经济是人类通过大数据(数字化的知识与信息)的识别—选择—过滤—存储—使用,引导、实现社会资源的快速优化配置与再生,实现经济高质量发展的经济形态。在技术层面,包括大数据、云计算、物联网、区块链、人工智能、5G通信等新兴技术。在应用层面,金融服务、制造业、医疗保险、智慧城市、元宇宙、数字孪生等都是其典型代表。数字经济可分为数字产业化和产业数字化两方面,是以数字技术为核心驱动力量,以现代信息网络为重要载体,通过数字技术与经济体深度融合,不断提高经济社会的数字化,加速重构经济发展与治理模式的新型经济形态。

　　当前,数据已经成为重要的生产要素,数字经济背景下传统行业的融合升级离不开大数据采集和人工智能的支撑。未来如何更加高效、精准地采集数据,保障数据更加可信、质量更高以及安全地管理运用,同时推动不同行业深度融合,是我们接下来需要解决的核心问题之一。数字经济的快速发展沉淀了可观的数据要素规模,由其衍生发展的人工智能等技术应用手段,为有"新石油""新黄金"之称的新型生产要素——数据的价值释放提供了技术桥梁。通过区块链与大数据、人工智能、隐私计算等技术结合实现可信大数据，可不断驱动数字经济高质量发展。

作为长期从事大数据和 AI、边缘计算、区块链、网络体系结构与安全领域的科技工作者，我对数据在产业智能化应用场景中的重要性深有体会，数据是大量的、多样的、变化的，是以指数型不断增长起来的，真实的、高质量的数据会产生巨大价值，人工智能必须要建立在大数据的基础上。近日，收到《让数据成为生产力——数据全生命周期管理》一书的书稿，由孙丹女士、沈寓实博士与赵勇博士联合编撰，从数据的基础认知、数据圈的诞生和发展、数据全生命周期管理以及企业数据应用和管理、智慧城市场景等角度，全面阐释了数据在数字经济时代的重要价值和实际应用场景。

孙丹女士、沈寓实博士与赵勇博士，均是在新一代信息技术与产业融合应用领域深耕多年的资深从业者和佼佼者，拥有丰富的技术研发、创新应用和产业实践经验，对于大数据应用与价值挖掘以及数据的未来发展趋势有着独到且深刻的见解。《让数据成为生产力——数据全生命周期管理》一书，用简明清晰的语言和深入浅出的逻辑，循序渐进地从数据的基础认知到应用实践，将数据的魅力和前景展现在读者面前，兼具科普性和专业性，对数据产业的广泛从业者皆有助益和启示。

数字经济发展速度之快、辐射范围之广、影响程度之深前所未有，数字经济正在成为重组全球要素资源、重塑全球经济结构、改变全球竞争格局的关键力量。如何精准、高效地采集数据，让数据变得更加可信、质量更高，这是数字经济发展进入新阶段的主要议题。从宏观层面看，数据已经成为我们国家的一个重要资产。从商业层面看,数据已经是非常重要的生产要素,产业赋能作用日益增强。未来,只有安全、有效地推动数据利用、共享和流通,挖掘数据价值,才能快速释放数据生产力,助推经济社会高质量发展。

(李颉)

日本工程院院士

上海交通大学讲席教授

2022 年 12 月

在现代经济体中,数字经济、数字文化产业正在焕发新活力、引领新经济。随着新一代信息技术的突破发展及其应用场景的爆发式增长,全世界都将数字经济作为经济发展的新引擎。从瓦特改良蒸汽机开始,到德国、美国为代表的电力革命,再到20世纪50年代计算机代表的新兴技术,21世纪初以互联网为代表兴起新一代工业革命,新的业态模式不断改写新的发展阶段,重塑新的经济体量。我国的经济也逐步由高速增长阶段转向高质量发展阶段,在新的经济发展形势下,以市场化为导向的改革创新成为未来发展的重要驱动力。

如今的世界格局正上演着百年未有的重大变化,大数据时代已经强势到来。我多年来专注于数据信息挖掘、金融数据智能和金融风险管理等复杂管理系统等研究,深刻体会到大数据对于金融行业变革与升级的重要作用。信用天生与大数据联系在一起,大数据是采集数据并挖掘分析其背后的信息以提供决策参考,征信的本质就是采集和记录信用信息并整理加工后提供给决策者,而在大数据时代,一切数据都可以成为信用数据,经分析后可以用来分析个人和企业信用状况。从发展特点和趋势来看,金融数据与其他跨领域数据的融合应用正不断强化,数据整合、共享开放成为趋势，为金融行业带来了新的发展机遇和源源动能。

数字化转型已成为金融业焕发新生的重要驱动力，数据驱动型金融产业已经到来。《让数据成为生产力——数据全生命周期管理》一书，由孙丹女士、沈寓实博士与赵勇博士联合编写，从数据的采集、处理、价值挖掘到产业应用，全面阐释了什么是数据、数据的创新应用以及数据的未来等内容。孙丹女士作为希捷科技全球高级副总裁暨中国区总裁，深耕数据存储多年，对数据行业有着深刻的洞察和极大的影响力。沈寓实博士与赵勇博士也都是新一代信息技术领域的科技创新人才，从技术研发侧成功转型到产业实践侧，有着极具前瞻性的战略眼光和躬身入局的执行魄力。应沈寓实博士之邀为本书作序，我倍感荣幸。

科技强则国家强，科技兴则城市兴。沈寓实博士为信息化领域的归侨学者，是中国侨联特聘专家，他关注国际前沿科学问题，为我国数字经济发展建言献策。数据已然成为数字经济时代最核心的生产要素，几乎所有的前沿科技创新都离不开大数据的支撑。《让数据成为生产力——数据全生命周期管理》一书的出版恰逢其时，其内容具体翔实、简明清晰，均是来自产业级实践的宝贵经验及应用案例，具有很高的参考意义和推广价值，对于数字行业的从业人士及未来要投身于数字经济建设的学生们来说，都是值得阅读和学习的。

数字经济将会持续渗透到国民经济的各个领域之中，推动产业数字化转型、提高全要素生产率，成为新时代挖掘经济社会发展新动能的关键一招。如今，我国已取得全球第二大数字经济体的成绩，多家中国企业也跻身全球互联网企业前列。未来，在面向"十四五"和2035年远景目标的新征程中，应致力于解决数字经济相关技术研发突破、数字融合应用推广、数字治理规则体系等方面的各种问题，坚持研发、应用、治理三位一体，打造我国数字经济竞争新优势！

（吴德胜）

欧洲科学院院士

欧洲科学与艺术院院士

国际欧亚科学院院士

中国科学院大学经济与管理学院特聘教授

2022 年 12 月

近些年,随着数字产业化和产业数字化的深入开展,数据基础设施发挥越来越重要的作用,数据经济市场也变得越来越活跃。小到智能导航机器人、自动驾驶汽车,大到智慧城市、智能安防、元宇宙、智慧金融等,新技术、新业态、新应用不断涌现,最大化数据价值和能力事关国家发展大局。

希捷科技专注于数据的存储和管理。作为希捷科技的 CEO,我一直密切关注数字经济的发展、数据的价值及数据全生命周期管理。通过赋能静态数据和动态数据,希捷致力于打造数据圈。

数据保护是企业与政府以及各类机构共同努力的方向。世界上许多国家和地区都针对数字经济的发展出台了相应的规范、条例和法规,对于数据安全、信息技术、电子商务等都有了更精细化的管理。

2022 年 12 月,中国提出了 20 条政策举措,旨在建立数据的基础体系,更好地激活数据资源的价值。《关于构建数据基础制度更好发挥数据要素作用的意见》包括建立保障权益、合规使用的数据产权制度,建立合规高效、场内外结合的数据要素流通和交易制度,建立体现效率、促进公平的数据要素收益分配制度,建立安全可控、弹性包容的数据要素治理制度等。这些促进数字经济发展的规范和条例,对于国内外数字经济的发展具有推动意义。

数据在改变着世界,在重塑着世界。不管是对于国家还是企业，在这个"数据即货币"的时代，谁掌握了最高质量的数据，谁就掌握了未来发展的主动权，诸多企业在各个领域开启了一场向数据、用数据的实力奔赴，它们需要完备且专业的数据全生命周期管理能力。鉴于以上原因，由孙丹女士、沈寓实博士和赵勇博士合力编纂的《让数据成为生产力——数据全生命周期管理》在日益数字化的世界中必将引起共鸣。

数据是我们新时代的"甲骨文"，它记录历史，赋能当下，谱写未来，推动着时代的车轮向前奔驰，并且数据将会继续膨胀：据IDC 2022 年全球数据圈预测报告，到 2026 年，全球数据量将达到 221ZB。

《让数据成为生产力——数据全生命周期管理》这本书与数据时代契合，是一本值得所有数据产业从业人士、研究人员，以及正在进行数字化转型的企业借鉴和阅读的好书。本书从数据基础开始，而后诠释了数据生命周期管理，最后以数据应用收尾，系统地介绍了数据是什么以及数据的未来，向我们展现出数据带来的充满希望的新世界。这对于在数据世界中前行的企业和消费者来说，都是鼓舞人心的。

（Dave Mosley）

希捷科技首席执行官

2023 年 1 月

数据诉说历史,描绘当下,勾勒未来。数据是当今的新型生产要素,是国家和企业竞争力的体现,了解数据,善用数据,才能赢得未来。本书从不同的层面和角度对数据进行了阐释,囊括了数据的基础认知、数据圈的发展、数据的潜能、数据在实际应用中的难点和重点,也对企业数据管理的相关知识进行了深入浅出的诠释,并且以不同的应用领域和应用行业作为典范,从基础认知到应用实践,循序渐进地将数据的魅力和前景展现在读者面前,让读者能够跟随本书一起走近数据。

本书共9章,主要内容有数据认知,数据类型、来源和创建位置,数据的未来,数据全生命周期管理,数据全生命周期管理的目的和意义,企业数据管理面临的难题,企业数据生命周期管理的重中之重,数据的传统应用领域,不断涌现的新领域。全书由孙丹(希捷科技全球高级副总裁暨中国区总裁,深圳市智慧城市产业协会会长)、沈寓实(国家特聘专家,飞诺门阵科技创始人及董事长,清华智能网络计算实验室主任,中国云体系产业创新战略联盟秘书长)、赵勇(亚洲区块链产业研究院研究员,中国计算机学会大数据专委会委员,中国电子工业标准化技术协会元宇宙工作委员会委员)三位专家共同编著。

本书在编写过程中得到了刘燕华(科技部原副部长,国际欧亚科学院院士,国务院参事室原参事)、兰玉彬(格鲁吉亚国家科学院院士，欧洲科学、艺术与人文学院院士，俄罗斯自然科学院院士）、李颉（日本工程院院士，上海交通大学讲席教授）、吴德胜（欧洲科学院院士，欧洲科学与艺术院院士，国际欧亚科学院院士，中国科学院大学经济与管理学院特聘教授）与 Dave Mosley（希捷科技首席执行官）的倾力指导和支持，以及编委会成员刘星妍和清华大学出版社黄芝编辑的大力支持和各种形式的帮助，在此一并表示衷心的感谢。

本书适合数据产业从业人士、研究人员，政府、高校、传统企业、科技行业从业者，正在进行数字化转型的企业管理者及员工，以及对数据经济、数字化转型有兴趣的相关人员阅读。

孙 丹

2023 年 1 月

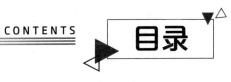

CONTENTS 目录

第 1 章

数据认知

1.1　数据起源和概述

　　数据是指对客观事物进行记录并可以鉴别的符号,是对客观事物的性质、状态以及相互关系等进行记载的物理符号或这些物理符号的组合,它是可识别的、抽象的符号,在我们身边,数据随处可见,可以是我们手机里的一张张照片、医生手中的病历记录,也可以是老师手中的学生成绩表。

　　数据起源于古人对于事物进行标记的行为。在文字出现之前的漫长年代里,古人用特殊的方式记录事物。《周易·系辞》云:"上古结绳而治",中国古代人民用智慧创造出了结绳记事法,他们用不同粗细的绳子,在上面结成不同距离的结,绳结又有大小之分,每种结法、距离大小、绳子粗细以及结的数量等都代表着不同的意思。之后又有了商朝的甲骨文,再到后来的罗马数字以及阿拉伯数字,经历了漫长的历史演进后,最终实现了现今数的可计算性。数据不仅可以是狭义上的数字,还可以是具有一定意义的文字、字母、数字符号的组合以及图像、视频和音频等内容,也是客观事物的属性、数量、位置及其相互关系的抽象表示,例如,"阴、晴、雨、雪""工作人员值班表""快递外卖订单记录""河流水位的高低变化""大熊猫野生种群数量趋势"等都是数据,这些数据经过加工和分析后就成为提高我们决策力和判断力的信息,如通过分析,我们就可以知道水位变化是由于大气降水还是高山冰雪融水等原因造成的,也可以知道大熊猫野生种群的变化趋势以及需要重点进行的下一步保护工作。

　　在计算机科学中,数据是所有能输入计算机并被计算机程序处理的符号的介质的总称,是用于输入电子计算机进行处理,具有一定意义的数字、字母、符号和模拟量等的通称。计算机存储和处理的对象十分广泛,表示这些对象的数据也随之变得越来越复杂。

随着人类社会的进步和计算机技术的发展,人们和数据的关系越来越紧密,人类在不断创造数据,数据也在改变着人类的工作和生活,从个人、企业到社会乃至整个世界,数据带来的洞察力不容小觑,数据能够起到识微知著、辅助决策的作用,如日常生活中,利用智能穿戴设备进行作息记录、运动追踪、睡眠管理、机能监测,通过分析这些数据,就能够从不同方面洞察一个人的行为特点并且描绘出一个人的健康自画像等;还可以从一个人的电子消费记录、交易行为、信用卡记录、税务状况对其消费和财务信息有一个大概的判定。

当今的数据应用已经和结绳记事时期天差地别,这也是数字文明随人类文明进步的结果。

整个社会都被数据所包围,数据已经渗透到每一个行业和业务领域。随着数据体量越来越庞大,我们渐渐发现,"数据"往往被冠以"大"这一修饰词,这意味着数据的增长速度已经超出想象。

"大数据"这个词汇其实是从英文 Big Data 翻译而来的,它指的是所涉及的资料量规模巨大,无法用常规软件工具在一定时间内实现撷取、存储、搜索、共享、管理和分析处理的海量数据集合。

不过,需要注意的是,数据体量庞大并不完全等同于大数据。从应用意义上讲,大数据是对海量数据的分析和挖掘,可以利用技术对数据进行处理,从而发现新的商业机会、扩大市场以及提升效率,这才逐步有了大数据这个概念。从专业化的角度界定,业界赋予了大数据 4 大重要特征,即 4 个 V,分别为大量化(Volume)、多样性(Variety)、快速化(Velocity)以及价值密度(Value)。

数据量庞大,对于数据体量的增长,身处于数据时代以及数据经济下的每个人都能感受到其速度之快,我们自己以及身边的亲朋好友创造的数据量在不断增长,越来越多的游戏、视频、音乐、照片等资料被创造和存储。企业的业务和运营等数据也在不断创出新高。据 IDC(International Data Corporation,国际数据中心)预测,全球数据圈 2022 年至 2026 年将实现 2 倍增长。2026 年全球数据圈将达到 221ZB。可能这么说给我们的印象还不是很直观,那么,到底 221ZB 是一个什么概念呢?数据存储解决方案提供商希捷科技在 2021 年曾宣布,他们出货的硬盘容量已经超过 3ZB。3ZB 是什么概念呢?据希捷科技所述,如果用 10TB 的硬盘存储 3ZB 的数据,那么需要 3 亿块硬盘。希捷科技还做了更详细的解释,10TB 硬盘长度是 147mm,3 亿块硬盘连起来的长度超过 4.41 万千米,地球赤道最长大约是 4 万千米,所以,用这些硬盘连起来绕地球一圈还绰绰有余。那么,221ZB 的数据如果用 10TB 硬盘存储,这些硬盘能够绕地球约 81 圈。数据量庞大确实是大数据的一个最为重要的特征,也是大数据得以发展的基础。

数据种类多样性,以往的数据基本都是便于存储的文本类数据为主,以结构化数据居多,现在的非结构化数据包括视频、图片以及网络日志等,介于结构化数据和非结构化数据间的半结构化数据越来越多。而数据种类的日益丰富,对于数据的存储以及处理能力提出了更高的要求。多样化的数据需要更多种类的数据处理工具,并且也为数据的应用带来了更多挑战。

在谈论数据多样性时,大多数人都在谈论多种数据源或多种变量数据类型、结构和格式,例如结构化、半结构化或非结构化数据。这些种类可以算作数据种类的客观性质或物理要素,除客观性质外,数据多样性还应该包括人们通常会遗忘或忽略的主观性质。数据的主观多样性是指从不同的角度和不同的实体(例如人、团体和企业)及其相应的用法或应用程序,对数据或洞察力进行解释。因为这些因素实际上驱动着分析、挖掘、集成和应用数据或解释结果的方式。主观多样性和客观多样性同样重要。主观多样性将推动更多客观数据的多样性。

快速的数据流转也是大数据区别于传统数据挖掘的一个最显

著的特征。大数据不仅增长速度快、处理速度快,并且具有很强的时效性,例如,在自动驾驶领域,车载以及路面的传感器和雷达等信息需要很强的交互能力和数据流转能力,通过对采集到的数据实现快速分析和判断,从而实现车车、车路动态实时信息交互,并在全时空动态交通信息采集与融合的基础上开展车辆主动安全控制和道路协调管理,充分实现人车路的有效协调,从而形成安全、高效、环保的道路交通系统。另外,在信息时代,人成为网络的核心,每个人每天都在创造新的数据,这些数据再被相应的机构、互联网企业、银行、电信运营商等收集,形成了一个个庞大的数据体系。面对如此庞大的数据体系,处理数据并得到结果的速度越快,数据的时效性就越强,价值就越高。当今,大数据的及时应用需求更强调数据处理的实时性和时效性。

数据价值密度也是数据的一个明显特征。数据量在增加,但价值密度未必会同比增加。当前,大数据的价值成为各个企业抢占的滩头,海量以及多样的数据,为数据价值的挖掘带来一定难度,数据量越大,价值密度的提升越不容易。我们知道,不是所有的数据都是有价值的,有时,数据看似很多,但真正有用的可能只是其中很少一部分,这就造成了数据价值密度低的问题。例如,在警察通过监控视频寻找犯罪嫌疑人时,很多情况下,可能在十几TB的数据中才能找到一点点蛛丝马迹,有时还不一定会有收获,因此利用 AI(人工智能)人脸识别等技术来提升数据价值密度也是当今大数据界的焦点。

总而言之,大数据其实是现在社会高速发展、科技进步以及信息通畅下的时代产物。有人把数据比喻为蕴藏价值的煤矿。那么,再往细处划分,煤炭有焦煤、无烟煤、肥煤和贫煤等类型,而露天矿和深山矿的开采成本又有很大差异。同理,大数据也一样,不管是什么类型的数据,"有用"为大。数据的价值含量以及挖掘成本更为重要。

时至今日,大数据已经不是什么新奇事物了,只是在近些年得到了更为广泛的关注而已。其实,我们用了很多年的早已经习以为常的 Google 搜索服务,就是大数据下的产物。根据用户的需求,Google 能够实时从全球海量的数据中快速找出匹配或者最为接近的结果,然后呈现给用户,这就是一个非常典型的大数据服务用例。只不过在过去,这个规模的数据量以及商业应用没有在大多数的行业和领域形成普适性,没有完全得到重视,因此,其应用也就没有成型。

当前,随着科技手段的进步,全球迈进数字化,网络覆盖方方面面,数据变得活跃,再也不是被"束之高阁"的存在,数据的价值被一步步发掘。尤其是当数据积累越来越庞大时,越来越多的企业发现,在海量的数据背后,可以发掘出更多的商业机会和市场机遇;而有些行业发现,数据中蕴含着提振行业以及提升生产效率的"良方";甚至很多国家从海量的数据背后看到的是科技强国、数字强国的远大理想和美好前景。

大数据提升商业价值的一个经典的案例是沃尔玛的"啤酒与尿布",这个故事发生在 20 世纪 90 年代的沃尔玛。沃尔玛一直都非常注重销售数据的收集和分析,一次,超市的管理人员在进行销售数据分析时,发现了一个令人难以理解的现象:尿布和啤酒这两样看起来就像"秦时明月"和"盛唐牡丹"让人难以联想到一起的事物,经常会出现在同一个购物筐中,这一独特的销售现象很令人迷惑,引起了管理人员的兴趣。经过后期的观察和调研,发现这种现象的购物者多数是年轻的父亲。事情的起因是这样的:在美国,有婴儿的家庭中,父母之间的分工一般是母亲在家中照看婴儿,而年轻的父亲则会被派去超市购买尿布。父亲在购买尿布的同时,往往会为自己购买啤酒,这样就出现了啤酒与尿布这两件看上去毫无关联的商品经常会出现在同一个购物筐的现象。

沃尔玛其实是早期利用数据进行运营的企业之一,早在 20 世纪 60、70 年代,就已经开始用计算机进行存货跟踪和库存掌握。20 世纪 80 年代,沃尔玛的各家门店就已经开始采用条形码扫描系统,并且还完成了公司内部卫星系统的安装,从而实现了总部、分销中心和所有商场之间实时的数据传输,更有助于全局性运营和决策制定,并且能够打通整个企业的数据渠道,让不同部门之间的数据"活"起来,实现价值最大化。

数据的有效应用是沃尔玛崛起的一个重要因素,而当今的沃尔玛更加注重数据,拥有世界上最大的数据池,存储着海量的销售数据,从而能够和客户进行更有成效、更有针对性以及更精准的沟通。

类似沃尔玛这样的数据应用案例还有很多,比较经典的还有塔吉特的"数据关联挖掘"。对于手忙脚乱的准父母,可能很多都会面临这样那样令人头大的问题,如不知道该准备什么牌子的奶粉、多大尺寸的尿不湿、什么材质的奶瓶以及准备多少套衣服等,各种让准父母头大的问题,都可以通过数据分析被轻易解决掉。塔吉特的"数据关联挖掘"就是这样的一个应用案例。

塔吉特是美国第三大零售商,它利用"数据关联挖掘"这样先进的统计方法,把用户的历史购物记录用于建立模型,然后进行分析和预判。在这个过程中发现,女性客户会在怀孕 4 个月左右时,大量购买无香味乳液,根据这一现象,大幅提升了判断哪些女性是孕妇的准确率。之后,进一步挖掘出 25 个与怀孕联系高度紧密的商品,从而提升了"怀孕预估"能力。

这仅仅是该项目的第一步,后面的步骤才是将数据变为长期价值的关键举措,他们会将孕妇和婴儿用品(包括奶粉、孕妇装、婴儿床等)折扣券发放给客户,并且还会在婴儿出生后以及接下来的几年,提供流水线式的量身打造的服务,根据婴儿生长周期推送客户可能会用到的商品,通过这样的个性服务帮助很多父母,从而提升了客户的忠诚度。

　　说到这里,要提及一个小插曲,一次,塔吉特的员工通过邮件给一位客户发送了孕妇用品折扣券。这位孕妇是一个高中生,当她的父亲看到邮件时,非常愤怒,找到了塔吉特的经理要求道歉,他觉得女儿怎么可能是孕妇,这完全是不可思议的行为。戏剧性的是,几天后迎来了逆转,这位父亲亲自跑来向经理道歉,原来他的女儿确实已经怀孕。这一个小故事恰恰就说明了"数据关联挖掘"这样的方式是行之有效的。

　　从上面案例中不难看出,单个的用户数据其实没有什么价值,但是将很多数据累积起来,量就会越来越多,数据量达到一定程度时,就会从量变上升到质变。这就好像当今的互联网中的声音,一个人发出的声音可能不会具有很大的影响力,而当成千上万的声音一起出现时,就会引起一些变化甚至变成网络热点,从而能够掀起惊天巨浪。这就是数据的魅力所在。

　　另外,数据多了,也并不一定能够实现更高的商业价值,有很多企业,它们的数据意识在崛起中,变得越来越注重数据,收集了各种业务数据,也对数据进行了整理、存储,但是不知道该怎么进行数据变现或者让这些数据带来收益,这也是很多机构和企业面临的巨大问题。它们应该认识到,拥有海量的数据并非打开数据财富的密码,拥有大数据思维、知道如何能够利用数据对于企业来讲更有价值。

　　也有一些企业,在拥有了大量的数据后,掌握了如何利用数据提升应用效率的窍门。举一个小例子,大家都知道航班准点率,并且相信很多人在订购机票前也会把航班准点率放在和票价、航班时间、哪家航空公司等重点考虑因素中,而航班准点率其实就是航空管制机构利用数据来促进准点率提升的一个例子。操作起来其实很简单,在美国,航空管制机构会公布每一个航空公司、每一班航班在过去一年中的晚点率和平均晚点时间,这样,客户在购买机票时就会很自然而然地选择准点率高的航班,通过这样的市场手段,各个航空公司之间就有了更强的竞争,它们会更加努力提升准点率。这是一个非常有效的利用数据提升运营效率的方式。美国航空管理机构就很清楚如何利用数据,让数据说话,让准点率成为比很多其他手段更有效的管理方式。因此,即使手握亿万池的数据,如果没有让数据"活"起来、用起来,数据就会永远是冰冷的数据,不会变成有价值的信息,不会为决策提供依据。而掌握了数据大门的钥匙,这个世界将会呈现不一样的气象。

对于当今的企业来讲,有效管理其数据并且从数据中挖掘价值变得更为重要。通过数据分析,企业可以更全面地了解市场份额、销售状况以及投资风险等各种情况,快速调整战略并尽快抓住市场趋势,为企业获取利益。

当然,数据的应用不仅仅体现在商业上,也不仅仅只有商业能够从中受益。上到国家层面,下到个人用户,都可以从数据的应用中发现截然不同的新天地。

有一个关于我们国家粮食统计的故事,就是国家层面对于数据应用的表率。要知道,我们国家地大物博,拥有九大商品粮基地,包括太湖平原、江汉平原、松嫩平原、鄱阳湖平原等,也有西北干旱区商品粮基地,包括河西走廊、内蒙古和宁夏河套地区。不同地区的气候、降水量以及作物生长季都有很大差异,产粮情况不同,不能简单地以点概面去统计粮食产量。此外,粮食的统计虽然有组织和流程,但中央统计人员需要依靠地方统计人员,而地方层面,需要从省到市,从市到县,从县到乡镇乃至各个村落,通过最基层的调查人员进行调研,逐层上报,这中间难免会出现各种各样的差错和遗漏,不能保障统计数据的准确性。当前,在大数据技术的帮助下,粮食统计变得不再是难题,国家统计局现在采用大数据建模的方式,打破传统的统计流程和瓶颈。它们具体是怎样进行操作的呢?其实是采用遥感卫星,通过图像识别,把国内所有的耕地标识计算出来,然后将耕地进行网格化,之后对每个网格的耕地抽样进行跟踪、调查和统计，然后根据统计学原理，最终计算出我国整体的粮食数据。这种方式不仅能够避免层层上报中出现纰漏的问题，也能够降低所需工作人员的数量以及减轻相关人员的工作量，提升工作流程的效率。当然，最重要的是，能够提升统计的准确性和客观性。

当前的数字经济成为我国经济发展中创新最活跃、增长速度最快、影响最广泛的领域，推动生产生活方式发生深刻的变革。国务院印发的《"十四五"数字经济发展规划》明确了"十四五"时期推动数字经济健康发展的指导思想、基本原则、发展目标、重点任务和保障措施。其中，发展要以数据为关键要素，以数字技术与实体经济深度融合为主线，加强数字基础设施建设，完善数字经济治理体系，协同推进数字产业化和产业数字化，赋能传统产业转型升级，培育新产业、新业态、新模式，不断做强、做优、做大我国的数字经济，为构建数字中国提供有力支撑。

预计到 2025 年，数字经济核心产业增加值占国内生产总值的 10%，数据要素市场体系初步建立，产业数字化转型迈上新台阶，数字产业化水平显著提升，数字化公共服务更加普惠均等，数字经济治理体系更加完善。展望 2035 年，力争形成统一公平、竞争有序、成熟完备的数字经济现代市场体系，数字经济发展水平位居世界前列。

未来的数字经济一定是欣欣向荣的，我国在发展数字经济的道路上也会一往无前，绝不后退。我国有领先的信息基础设施，产业数字化转型在稳步推进，数字经济不断与国际合作接轨、新业态新模式竞相发展以及发展数字经济过程中涌现出来的大批人才等，都是支撑我国数字经济向前的重要因素。

不过，机遇总是与挑战并存的，我国数字经济发展也面临一些实际存在的问题和挑战，如关键领域创新能力不足，产业链、供应链受制于人的局面尚未根本改变；不同行业、不同区域、不同群体间数字鸿沟还未有效弥合,甚至有进一步扩大的趋势;数据资源规模庞大,但价值潜力还没有充分释放,数据的价值密度有待提升;数字经济治理体系需进一步完善。

未来,数字经济的发展道阻且长,需要我们有行而不辍的决心和孜孜探索的耐力。

1.2　数据和信息

我们常常会听到这样的说法:"当今社会是一个信息时代""我们身处于一个数据时代"。数据和信息乍一听起来似乎没有区别,并且这两个词经常形影不离,也经常会被互相替换使用,但是仔细想想,它们的含义却大有不同。两者之间既有联系,又有区别。

声音、符号、图像、文字、视频、数字是人类传播信息的主要数据形式,当数据被置于情境之下审视或经过分析之后,"数据"就会转化变为"信息"。因此,信息是数据的内涵,数据是信息的载体和表现形式。信息依赖数据来表达,数据则生动、具体地表达出信息。数据是符号,是物理性的;信息是对数据进行加工处理之后所得到的并对决策产生影响的内容,是逻辑性和观念性的。数据本身没有意义,数据只有对实体行为产生影响时才成为信息。更具体来说,信息和数据可以有以下5方面的差异:

第一,数据是直接记录的原始数据,是一切统计、计算和分析的基础。而我们所说的信息,都是从数据中提取出来并且都经过进一步的加工和处理,最终形成了这样或者那样的信息。

第二,数据只反映一定的具体数值,是非常客观的内容。而信息供给则是用于辅助决策,指导生产,反映一定的经济内容。如果本身没有一定的经济内涵,那么就不能算是信息。

第三,数据完全基于客观事实,遵循"是非分明、黑白清晰"的原则。而信息则常常带有主观性,往往经过分析和处理,信息成为一种富有主观色彩的内容。

第四,数据是个别的、零碎的,不需要与某一项决定相联系。信息则是相互联系的、系统的,连续地形成管理中有用的信息流。

第五,最初的数据只以数字、声音、图像等形式出现,而信息则是经过机器学习、分析,最终以图表、技术标准、指令等形式表现出来的内容。

数据经由处理后可以被称为信息,从这些信息中分析出来的讯息又可以被称为知识,再通过不断的行动与验证,知识逐渐形成智慧。数据成为智慧的这个过程,就是我们的社会向着数据经济发展的过程。

1.3　数字化的世界

个人、企业以及整个世界与数据密不可分,人类正在追求一个数据化的世界,各种视频数据、图片数据、文本数据、语音内容随处可见,同时,收集、存储、分析和运用数据的经验也越来越丰富,数据经济已经来临,数据成为与土地、劳动力、资本、技术等传统要素并列的生产要素,加快培育数据要素市场势在必行。

数字化的核心是与商业流程和个人生活相关联的一切事物。

数字化的过程通常被称为数字化转型,它正在深刻改变着当今的商业形态,影响着各行各业以及世界各地的消费者。数字化转型并非设备的演进(尽管设备将会更新和进步),而是将智能数据集成至我们所做的一切事务之中。

由数据推动的世界持续在线,不断地追踪、监测、倾听、观察——始终在学习。在我们看来,随机的事物将通过复杂的人工智能算法纳入各种常态模式,在未来以全新且个性化的方式呈现。

人工智能将进一步推动自动化在企业的普及，供给各种流程和互动，实现更高的效率水平，交付符合业务成果和客户个人偏好的产品。

传统范式将被重新定义（如交通工具或大型家用电器的拥有权），随着基因组学和先进的 DNA 分析影响医疗保健指令、保险费率甚至配偶选择，伦理、道德标准和社会规范都会受到挑战。虚拟现实技术让我们身临其境，引领我们置身于新的数字化现实中，娱乐发生着根本的变化；增强现实颠覆着我们今日所熟悉的服务业。各种科技手段的出现，以及在技术发展和辅助下，数字化为我们带来了前所未见的经济效益和社会效益，人类对于数字化世界的追求似乎永不会停息。

对于当今信息横流的世界来说，大数据的应用就像一场革命。提到革命，有一句耳熟能详的话："革命就是解放生产力"。社会快速发展的需求急需要我们能发起一场革命，去打破旧的生产关系或者商业模式带来的束缚和瓶颈。而置身于一个数据世界，我们才有了革命的契机，才有幸、有机会以更广阔的视野、更多方的维度去仔细洞察万事万物的数据属性，从而发现里面所蕴含着的新的生产力和发展契机，推动社会生产力的变革。

同样，革命不是通过一句话就能够实现的。曾有人说过："所谓革命精神就是创造性，要懂得世界上的一切都需要创造，要前进就不能坐着等待，就要去创造。而要创造就要克服困难。"面对数字化的世界，各行各业或多或少都可能会受到冲击，尤其是传统的经济形态，在这个浪潮中摇摇欲坠，被风浪冲没踪影，还是能够乘风破浪，或逆风翻盘，都是一个未知数。

在这样一个数字化世界中，当实体店买衣服的人都将注意力转向了更为便捷的网络购物，路边翘首以盼的招手打车敌不过 App 的点点手指车就到位，制造车间里人来人往的操作工被精通于巡检、搬运、仓储等各种职能的机器人所取代，当人和机器各司其职没有互动变成了"人机物"三元融合的万物智能互联,传统行业需要思考怎样做才能够不被时代列车甩下,在这个过程中,是需要克服一些困难的;对于企业来讲,传统老旧的 IT 设备跟不上数字化的脚步,数字化的思维缺乏,困于旧的理念而缺乏创新,如果再慢一步不跟上节奏,可能就变成了数字化的"漏网之鱼",不仅可能没有在机遇来临时实现"跑马圈地",而且有很大的概率会错失曾经辛苦打下的半壁江山。

大数据时代带来的新奇和机遇,对于企业来讲,是时也,也是运也。但时运的掌握还是要靠企业自身的洞察和行动。

要快速调整角色并且适应数字化世界的还有各个国家,当前数据已经成为很多国家争夺的一块无实体领地,大数据已然成为国家的核心资产。如果一个国家在大数据领域领先,就更有优势守护住自己国家的数字主权,这与守护自己的领土、领海和领空是一个道理。但一个国家在大数据领域一旦落后,必然就无法守住本国的数字主权,也就意味着该国难以占据产业战略的制高点,这对于国家安全数字空间也会带来威胁。放眼看去,美国、日本、欧盟等很多国家和地区都在制订和推行大数据相关的研究和发展计划,出台有利于自身发展的政策,目的就是要在大数据领域的竞争中能够抢占到制高点,能够在国际大数据领域中拥有更多的话语权。

我国的大数据变革的起步稍有滞后,但是后劲很足,并且当前的发展以及部署速度非常快。2014 年 3 月,大数据首次被写入了政府工作报告,而这一年也被认为是我国大数据的政策元年,认识数据并重视数据价值成为这一阶段中央的重要着力点。之后,我国不断出台与大数据相关的政策,2015 年 8 月印发的《促进大数据发展行动纲要》(国发〔2015〕50 号)明确提出,数据已成为国家基础性战略资源,并对大数据整体发展进行了顶层设计和统筹布局,产业发展开始起步。

之后，国家开始落地大数据政策，2016 年 3 月，"十三五"规划纲要正式提出实施国家大数据战略，这一时期，越来越多的人意识到了数据对于推动我国经济发展的重要作用，大数据与包括实体经济在内的各行各业的融合成为政策热点，大家都在迎接大数据。

2017 年 10 月，党的十九大报告中提出推动大数据与实体经济深度融合。至此，大数据开始了从落地到深化的道路。

2020 年 4 月 9 日，中共中央、国务院发布《关于构建更加完善的要素市场化配置体制机制的意见》，将数据与土地、劳动力、资本、技术并称为 5 种要素，并且还提出加快培育数据要素市场。同年 5 月 18 日，中央在《关于新时代加快完善社会主义市场经济体制的意见》中提出进一步加快培育发展数据要素市场。这意味着，数据已经不仅仅是一种产业或应用，而是已经成为我国经济发展赖以依托的基础性、战略性资源。

2022 年 2 月，国家发改委、中央网信办、工业和信息化部、国家能源局联合印发通知，同意在京津冀、长三角、粤港澳大湾区、成渝、内蒙古、贵州、甘肃、宁夏 8 地启动建设国家算力枢纽节点，并规划了 10 个国家数据中心集群。至此，全国一体化大数据中心体系完成总体布局设计，"东数西算"工程正式全面启动。

此外，国家发改委也会同有关部门，立体化推动"东数西算"工程，重点强化 4 个协同。进一步加强数据中心工程建设与用网、用地、用能、用水等配套政策同步落实，推动重大工程项目尽早建成应用。统筹用足用好中央预算内投资、各类金融工具、单列能耗等政策手段，支持国家算力枢纽和国家数据中心集群早日发挥作用。在已布局国家算力枢纽基础上，统筹推进算力供给站、网络试验线、算力调度网、数据要素场、安全防护盾等的一体化建设，构建覆盖全国、多层联动的算力网络体系。以国家算力枢纽和数据中心集群为引领，在规模化集聚算力和丰富场景应用的基础上，推动产业上下游协同发展，共同打造计算产业生态体系。

至此,我国的数字经济的发展已经马力全开。在新时期国内的数字经济战略发展过程中,我们高度重视企业和市场整体的数字化创新,不同地方政府部门高度重视数字经济的重要意义,并且主动迎接这一重要的发展趋势,也从不同的层面进行了数字化布局并明确了发展重点。

第一,核心任务是提升数字经济核心竞争力。数字经济逐渐成为世界经济的主流趋势,我国的发展首先需要重视提升国内数字经济的核心竞争力,其中,新型基础设施是最为根基的建设内容,包括需要重视宽带网络的建设和优化工作,这是为数字经济的长期增长和发展打下坚实的设施基础,并且在关注数量增长的同时,还需要重视服务质量的全面提升,从而应对社会发展和用户群体更高的服务需求,这对于数字经济的可持续发展也具有重要意义。简单来说,未来,需要逐渐推动国内的光纤接入网建设,在此基础之上建立高速、共享和大众化的宽带网络,为国内的数字经济战略发展提供重要的物质技术基础。这是支持国家数字经济发展的一个重要基础和必要前提。

第二,在数字经济发展中,创新是不能缺席的,创新是加快数字化转型的催化剂。数字经济与以往的经济发展模式相比,最明显的特征之一就是创新,这一点是毋庸置疑的。因此,在新时期国内的数字经济战略发展过程中,要高度重视企业和市场整体的数字化创新能力的培养,并且能够积极主动地迎接这一重要的发展趋势,加大和鼓励企业在数字化建设、创新层面的有效、长期的投入,并且积极培养数字经济发展的创新型人才。

第三,为了对企业和市场数字化创新的持续推进起到重要的保障作用,还需要重视数字经济立法,使得企业和市场经济竞争处于一个规范化状态当中,这也是新时期国内数字经济发展过程中的一个必然要求。因为随着数字经济的高速度发展,新技术、新业态、新模式、新产品大量涌现,随之而衍生来的是各种潜在问题,其中包括数据安全、隐私保护、数字鸿沟、平台垄断、能耗排放等。当前的法律规制已无法满足数字经济监管和社会治理的需求。因此,数字经济立法亟待加快。

2022年5月7日至6月6日,《北京市数字经济促进条例(征求意见稿)》面向社会公开征求意见。条例分别从数字基础设施、数据资源、数字产业化、产业数字化、数字化治理、数字经济安全和保障措施等方面对数字经济工作进行法律规制设计。这意味着北京数字经济发展将迎来立法保障。这项立法旨在为促进数字经济发展、打造全球数字经济标杆城市提供法治保障。

北京的数字经济立法并非个例。《广州市数字经济促进条例》于2022年6月1日实施。该条例强调,数字经济发展应当以数字产业化和产业数字化为核心,推进数字基础设施建设,实现数据资源价值化,提升城市治理数字化水平,营造良好发展环境,构建数字经济全要素发展体系。此外,江苏等地也将数字经济促进条例列入2022年立法日程,并紧锣密鼓地实施推进。江苏拟针对数字经济发展存在的薄弱环节,突出数字技术创新和产业数字化。当前,我国很多地区已经踊跃加入数字立法的队伍。

围绕数字经济立法,各地既存在相同点,也存在较大差异性。不少地方在数字经济促进条例中已经明确了产业支持重点,慎重考虑当地实际问题和发展需求的同时,也更加注重与国家现行法规和标准的融合,如北京,强调了支持开展自动驾驶全场景运营,培育推广智能网联、智能公交、无人配送机器人、智能停车、智能车辆维护等新业态;支持互联网医院发展,鼓励提供在线问诊、远程会诊、机器人手术、智慧药房等新型医疗服务;通过资金、项目、算力等方式,支持开源社区、开源平台和开源项目建设,鼓励软件、硬件的开放创新发展,做大做强高端芯片、基础软件、工业软件、人工智能、区块链等数字经济的核心产业集群。而在产业化发展上,河南支持建设数字经济园区,打造优势产业集群。江苏立法重点推进数字产品制造业、数字产品服务业、数字技术应用业等数字经济核心产业发展,其中,在集成电路、工业机器人、电子元器件及设备制造等数字产品制造优势领域,打造产业集群,培育优势产业链。总之,各个地方虽然发展重点以及产业布局情况有所差异,但也殊途同归,最终以立法来规范和促进数字经济的发展。

第四,加强数字经济人才机制的建设也是重中之重。数字经济的发展依靠创新驱动,而人才是创新的根本,人才掌握着创新的方向盘。任何工作本质上都是由人来实现和完成的,数字经济的发展和竞争,本质上依旧是人才的发展和竞争,在数字经济发展趋势之下,高质量人才资源是时代发展的刚需。因此,在国家数字经济发展过程中,更加需要重视人才的培养工作,而当前,各个国家和城市也都在紧锣密鼓地加强人才的引入,构建属于自己的数字经济人才队伍,为国家不同的数字经济发展战略提供对应的支持。要知道,数字经济人才对于数字经济的可持续发展具有重要现实意义和价值,得到再高度的重视也不为过。

我国数字经济发展较快、成就显著,对经济增长的贡献度不断增强。2020年中国数字经济规模已达到39.2万亿元,占国内生产总值的38.6%。中国信息通信研究院统计显示,我国产业数字化规模达到31.7万亿元,占数字经济的80.9%。全世界已经进入数字经济时代,数字经济已经成为支撑当前和未来世界经济发展的重要动力,我们要做的就是为这个动力添加更多燃料。

1.4　不断膨胀的数据圈

数据是数字化转型的核心,是数字化进程的命脉。随着应用需求的增长,数据在不断增长中。IDC定义了数字化以及数字化内容创建的3个主要位置:核心(传统和云数据中心)、边缘(由企业管理的基础设施,如基站和分支机构)和终端(计算机、智能手机和物联网设备)。被创建、采集或复制的数据集合称为全球数据圈。全球数据圈是一个动态的存在,并且还在经历急剧扩张,速度之快是以往所无法比拟的。

据 IDC 预测,全球数据圈将从 2018 年的 33ZB 增至 2026 年的 221ZB。你可能不明白这些数据是个什么概念,也可能对这些数据单位无感,但你一定能感受到身边数据的增长,无数的互联网终端、几十亿部手机以及计算机里存储的越来越多的游戏、电影和照片,工作室经年累月的邮件、资料和业务数据,路边随处可见的摄像头……

数据爆炸早已经从抽象概念进入现实,成为现实生活的写照。从能够记录文字开始到 2003 年,人类总共创造出的数据量并不多,差不多只相当于现在全世界两天创造出的数据量。

人类创造数据的能力愈发强大,硬盘是数据存储的重要载体,从硬盘的发展历程就可以一窥数据量的变化以及数据圈的膨胀。你可能难以想象,当第一款硬盘面世时,它有两个冰箱那么宽,内部安装了 50 个直径两英尺(ft,1ft≈0.3m)的磁盘,重量约 1t,看到今天小如名片的硬盘,你可能很难想象怎么去使用两个冰箱那么大的硬盘。后来的硬盘一路"瘦身",逐步从一个庞然大物变成直径从 14 英寸(in,1in=0.0254m)到 8 英寸、5.25 英寸直至 3.5 英寸,然后又从 2.5 英寸到 1.8 英寸,再到 1 英寸和 0.85 英寸的小巧的存储产品。在这个变化的过程中,硬盘的体积和容量在成反比发展,虽然硬盘的体积在一路收缩,但是硬盘的容量却一直在飙升。1980 年,世界上 5.25 英寸硬盘 ST-506 由希捷科技制造,作为首款真正面向台式机的硬盘,其意义非常大。对于许多"80 后"的计算机玩家来说,所接触到的第一块计算机硬盘大部分是从 5.25 英寸开始的,虽然容量仅有 5MB,但它的出现却带动了一个时代,之后硬盘就开启了容量快速上涨但体积却越来越小的征程。进化到今天,希捷科技一个容量 20TB 的硬盘的重量仅为 640g,长宽高分别"浓缩"到了 147mm、101mm 和 26mm。而硬盘各种性能以及尺寸的演变也正是响应科技和时代发展的需求,随着数据量的暴涨,存储的需求也在不断提升,尤其是当前,遍布全国各个地方的超大规模数据中心以及无数个的边缘数据中心,让我们觉得曾经两台冰箱大的硬盘真的已经成为很遥远的历史。

在世界数字经济发展的你争我赶中,在国家政策前所未有的有力推动下,在个人数据越来越多的时代,数据圈成为了不断丰富的人类智慧的万花筒,涵盖生命攸关的紧急信息、历史知识、操作说明、制造流程、情感纪事、国家发展大计等。数据的确是一座不断扩增的宝藏,在等待着人类去合理地采掘和利用,它将以更加精彩纷呈的姿态,让我们感受其魅力所在。

第2章

数据类型、来源与创建位置

2.1　结构化和非结构化数据

2.1.1　结构化、半结构化与非结构化数据

在数字化世界中,所有的数据归根结底是离不开应用的,没有投入实际应用的数据不是真正意义上的数据,脱离应用去谈数据分类有纸上谈兵之嫌。从数据的应用来讲,数据主要可以分为结构化数据、半结构化数据和非结构化数据。根据 IDC 的报告《2021—2025 年全球数据及存储领域结构化和非结构化数据预测(2021 年 7 月)》,超过 90％的现有数据是非结构化数据,并且在过去十年中这一比例大体保持不变。然而,随着元数据的增加,越来越多的非结构化数据被"驯服"并进入结构化数据范畴。

其中有一个关键的驱动因素,那便是新型软件的出现,它使得非结构化数据的内容能够得到分析并提供背景信息。举例来说,视频分析软件可以对文件中的图像进行标记,并赋以特定的索引以便存储和搜索。这听起来也许稀松平常,实现起来却有诸多挑战,不过这意味着非结构化数据会变得极具价值。

下面先来更具体地了解结构化数据和非结构化数据的定义。结构化数据是高度组织和整齐格式化的数据,它可以放入表格和电子表格中的数据类型。与非结构化数据相比,结构化数据是两者中人们更容易使用的数据类型。非结构化数据是指原始格式的信息,它通常驻留于采集的源头或附近。非结构化数据代表着采集的所有原始数据类型,包括尚未编目或分析的数据。而结构化数据则是有组织的定量数据,其中最为常见的是数字数据和文本数据,它们以某种标准格式存在于文件或记录的固定字段中,电子表格或关系数据库中驻留的信息是结构化数据的典型例子。这

种类型的结构使得我们在查找特定数据或信息组时能够更为简捷、迅速。

非结构化数据也称为定性数据，也就是说它只是观察或记录的信息。举例来说，工厂的物联网（IoT）传感器采集设备性能方面的数据，然后，这些信息被发送至服务器，并以非结构化的格式进行存储，例如 PDF 和视频文件。

非结构化数据的其他例子还包括卫星照片、地理位置信息、天气报告、患者生物信号数据，以及尚未以有组织的方式标记或编目的视频图像。它们的共同点是数据均为被动采集和传输，没有预定义的组织格式。当非结构化数据作为海量数据集的一部分进行审查和理解时，它非常有助于发现大规模的发展趋势和构建预测模型，但为了业务目的而进行搜索和分析却比较困难。

还有另外一种数据，游离于结构化数据和非结构化数据之间，称为半结构化数据，它并不符合关系数据库或其他数据表的形式关联起来的数据模型结构，但包含相关标记，用来分隔语义元素以及对记录和字段进行分层，数据的结构和内容混在一起，没有明显的区分。简单地说，半结构化数据就是介于完全结构化数据和完全无结构的数据之间的数据，例如，HTML、JSON、XML 文档和一些 NoSQL 数据库等就属于半结构化数据的范畴。

2.1.2　结构化数据和非结构化数据的差异

结构化数据和非结构化数据之间的主要区别在于格式。非结构化数据以其原生格式存储，例如，PDF、视频和传感器输出。结构化数据严格以预定义的形式呈现，或者带有描述它的预定义的内容，以便轻松置入表单、电子表格或关系数据库。

非结构化数据通常存放于数据湖。所谓数据湖本质上是一个以各种格式存储原始数据的存储库。结构化数据则驻留于数据仓库,这种存储库只接受按照预定义规范格式化的数据。数据湖是一个存储非结构化数据的存储库,但它也可以存储结构化数据,而数据仓库只能存储有组织和格式化的结构化数据。

无论是在数据湖中还是在数据仓库中,信息都是存储于某种类型的数据库。其主要区别在于:结构化数据存储在关系数据库中,以结构化查询语言(SQL)、PostgreSQL、MongoDB 等组织格式按行列进行存储。这些格式使得用户或机器搜索、整理和处理结构化数据变得非常简便。相比之下,非结构化数据则存储在 NoSQL 这样的非关系数据库中。

2.1.3　数据的处理工具

在分析方式以及处理和操作所需的工具和人员方面,结构化数据以及非结构化数据也有所不同。非结构化数据通常借助数据堆叠、数据挖掘等技术进行分析,这些技术可以处理元数据并得出较为一般性的结论。结构化数据则多采用数学方法进行分析,例如,数据分类、聚类和回归分析。在工具和技术方面,结构化数据比较便于管理和使用分析工具。用于处理结构化数据的工具包括关系数据库管理系统(RDBMS)、客户关系管理(CRM)、联机分析处理(OLAP)和联机事务处理(OLTP)等。而能够处理多种格式的大型数据集的软件,通常用于管理和分析非结构化数据。用于管理非结构化数据的工具包括 NoSQL 数据库管理系统(DBMS)、AI 驱动型数据分析工具以及数据可视化工具等。

非结构化数据通常需要由训练有素的专家进行管理,并且相较于结构化数据,其软件处理工具也须具备更高级的 AI 和预测建模功能。机器学习便是用于分析非结构化数据的技术策略之一。

2.1.4 结构化与非结构化如何转换

结构化数据和非结构化数据并非对立的。两者之间有差别，但也是可以相互转换的。非结构化数据可以转换为结构化数据，这不是偶然性的，而是数据应用的必然性、现实性的过程，这对于挖掘数据潜能、实现数据的应用价值意义非凡。非结构化数据不是那么容易组织或格式化的，收集、处理和分析非结构化数据也是一项重大挑战。

根据IDC预测，2026年全球数据圈将达到221ZB，而这些数据中大部分是非结构化数据，非结构化数据的治理以及应用已经成为决定企业数字经济发展速度的重要因素。因此，非结构化数据向结构化数据的转变成为很多企业孜孜以求的攻关重点，许多机构也投入这项研究中，很多企业竭力保留了各种客户数据、业务数据、内部流程以及运营数据等，但是它们的数据科学家发现将这些裸数据进行清理以及分类，然后变成商业智能以及分析平台处理的内容却并非易事，需要使用高深的技术和昂贵的工具，并且非常耗时耗力。

中国互联网行业正处于高速发展期，释放非结构化数据背后的价值成为国内互联网企业角逐的目标。随着越来越多的非结构化数据进入结构化IT环境，尤其是来自于大量物联网设备的流媒体数据和大量的标记视频数据，机构有机会将这些数据转换为信息和知识。具有远见卓识的国家和企业机构可以从中获取全新的、创新的洞察力，以推出新产品和新服务，从而充分挖掘这口蕴藏丰富的智慧之井。

2.2 文本类、数值类、时间类数据

从字段的类型上分类，数据可以分为文本类、数值类以及时间类。

2.2.1　文本类数据

文本类数据常用于描述性字段，如姓名、性别、地址、交易摘要等。这类数据不是量化值，不能直接用于计算。在使用时，可先对该字段进行标准化处理（如地址标准化）再进行字符匹配，也可直接模糊匹配。

文本类数据可以包含结构性字段，如标题、作者、出版日期、长度、分类等，也可以包含大量的非结构化数据，如摘要和内容等，因此，文本类数据既不是完全无结构的数据也不是完全结构化的数据。

2.2.2　数值类数据

顾名思义，数值类数据用于描述量化属性或用于编码。数值类数据是按数字尺度测量的观察值，其结果表现为具体的数值。现实中所处理的大部分数据都是数值类数据，如收入/支出额度、交易流水、商品数量、降水量、客户积分以及满意度分值等都属于量化属性，这些数据可直接用于运算，是日常计算指标的核心字段。而邮政编码、身份证号码、卡号之类的则属于编码，是对多个枚举值进行有规则编码，可进行四则运算，但没有实质业务含义，不少编码都作为维度存在。

2.2.3　时间类数据

时间类数据仅用于描述事件发生的时间。时间是一个非常重要的维度，能够呈现物质运动、变化的持续性、顺序性表现。时间类数据虽然看起来较为简单，但其在业务统计或分析中非常重要。

2.3　状态类、事件类、混合类数据

2.3.1　状态类数据

我们经常会用数据来描述客观世界。首先,可以描述客观世界的实体,也就是说一个个对象,如草、花、动物、纸张、人类、蛋糕、账户等。不同的实体或者不同的对象具有各自不同的特征,如花的特征包括花名、颜色、品种、花期、形状以及味道等,再如人的特征包括姓名、性别、身高和年龄,纸张的特征包括用途、材质、大小等。对于同一种对象的不同个体,其特征值会具有差异,如同样描述花,具有 45 片花瓣的红色卡罗拉玫瑰花和 30cm 长的蓝色妖姬,它们的特征差异就很明显。同样,描述人类,30 岁的成年女士和 80 岁的老先生也具有不同的特征。有些特征稳定不变,而另一些则会不断发生变化,如鲜花的颜色一般不变、人类的性别一般不变,但年龄则随着时间会发生变化。因此,可以使用一组特征数据来描述每个对象,这些数据可以随时间发生变化,每个时点的数据反映这个时点对象所处的状态,这就是所谓的状态类数据。

2.3.2　事件类数据

事件类数据是用来描述客观世界中对象之间的关系,它们之间如何互动以及互动会带来什么样的影响和作用。通过记录这些互动以及相互作用等,实现更精准的数据分析。如在当前电商平台中,可以记录到一个用户先后在同一个商家买了 3 次大米,在这个时间里,出现了用户、商家以及大米,那么,这 3 个对象之间产生

了一次交易。通过分析这个交易数据,得出的结论是这个用户比较喜欢该商家的大米,从而可以预判出用户可能会进行更多的购买行为。

2.3.3　混合类数据

混合类数据理论上也属于事件类数据的范畴,两者的差别在于,混合类数据所描述的事件发生过程持续较长,记录数据时该事件已经发生、还没有结束,可能还将发生变化。如客户消费积分,从客户的零积分到后面持续的消费,每一次消费过后,消费积分都会发生变化,从零开始一直在发生变化,后续可能还会有更多次的变化。

2.4　数据来源

2.4.1　个人数据

地球人口已达 80 亿,而且还在继续增长。联合国一份有关人口趋势的报告显示,世界人口将在 2050 年达到 97 亿。基于庞大的人口数量,消费者、用户个人数据的增量已经成为全球数据的主要来源之一。

随着企业不断提升其业务的数字化水平,并持续改进用户体验,消费者正在接受个性化的实时互动,并重新设定他们对数据交付的期望值。由于消费者的数字化世界与现实生活重叠,因而他们期望在任何位置,借助任何设备,通过任何连接都能访问各种产品和服务。消费者希望得到实时、移动和个性化的数据,这就对边缘和核心存储提出了更高的要求,以提供消费者所需要的精确数据,且常常是实时数据。

目前,每天50多亿消费者与数据发生互动。到2025年,这一数字将上升到60亿,相当于全球人口的75%。2025年,每个联网的人每18秒就会有至少1次数据交互。这种交互大多源自全球联网的数十亿台物联网设备,而这些设备预计在2025年将产生超过90ZB数据。IDC预测,随着数据融入我们的业务工作流程和个人生活,到2025年全球数据圈将有近30%的数据是实时数据。如果想要提供一流的客户体验并扩大市场份额,企业的数据基础设施必须能满足实时数据的增长需求。

随着越来越多的个人数据以及人们对数据归属和数据安全等问题的加倍重视,消费者个人数据其实在Web 3.0时代已经可以当作个人资产了。不同于Web 2.0时代的数据由个人产生、收益归平台、所有权归平台,在Web 3.0时代,数据都归属于数据所有者,数据是可以由其所有人进行标价的,每人的数据都可以转换为个人资产,并且数据也可以根据个人的意愿去进行交易和让渡,而这个数据价值让渡,并不是指将数据的所有权、使用权全部让渡给买家,这种让渡是指将一定的知情权给予买家。我们认为,不管是珍贵的照片、精心拍摄的视频、熬夜奋斗出来的剧本,或是其他形式的内容,每一个人的数据都是由个人一定时间所创造出来的,都耗费了不同的时间与精力,基于个人的创造和构思而成,都凝聚着脑力价值,因此,个人数据在未来变成个人资产,也就变得不难理解了,并且也会是一种无法阻挡的趋势。

2.4.2 企业数据

5G、物联网、边缘计算、边缘数据中心、人工智能等技术不断普及,促进了企业数据以光速增长,此外,新冠肺炎疫情催生了更多居家办公的需求,所有这些都是导致企业数据激增的重要因素。

IDC 统计,2020—2022 年,企业数据预计以每年 42.2% 的速度增长。不过,根据统计,在可用的企业数据中,仅 32% 投入使用,剩余的 68% 并未得到利用。而未被利用的这些数据中,预测可能潜藏着更多的商业价值。

数据的管理和利用对于企业的重要性越来越凸显,而消费者生成的数据份额将从 2017 年的 47% 下降到 2025 年的 36%。驱动这种转变的是 7×24 小时的运行环境,在这个环境中传感器始终处于在线状态并不断获取、分析环境并创建数据。在过去,消费者负责管理自身的大部分数据,而随着数据日益集中于企业核心和边缘基础设施,维护和管理数据的责任正转移到企业/云提供商的数据中心。企业已经成为数据创建和存储的主要来源和管理者,而且这一趋势将会继续强化全球企业的数据保护责任,数据安全的责任很大一部分将转嫁于企业。

到 2025 年,预计企业存储的数据圈将增至 13.6ZB,占全世界数据圈的 80% 以上。现在每小时创建的数据要比 20 年前一整年创建的数据还多,并且数据中的价值也越来越被更多企业看到,数据是人类的潜能,最敏锐的企业会尝试去驾驭数据的力量。

2.5　数据化内容创建的位置

在企业的管理中,只有将不同才能的人放置在更合适的岗位,所有人各施所长,各得其所,各尽其职,企业才能稳定、有序地发展。对于数据来讲也是如此,不同类型或者应用需求的数据应该安放于不同的位置、发挥应有的作用才是王道。当前,我们所见到的数据存储在不同的位置,包括核心、边缘和终端,它们各自发挥着不同的作用,同时三者之间又相互流转,为数据更有效地应用而服务。

2.5.1　核心

核心包括企业和云提供商专门的计算数据中心,涵盖所有种类的云:公有云、私有云和混合云。此外还包括企业运营的数据中心,如支持电网和电话网络的数据中心。当前,"东数西算"工程将在京津冀、长三角、粤港澳大湾区、成渝、内蒙古、贵州、甘肃、宁夏 8 地启动建设国家算力枢纽节点,并规划了 10 个国家数据中心集群,全国一体化大数据中心体系完成总体布局设计,核心的能量不容小觑,地位也无法撼动。核心在数据存储、计算、运营方面的作用以及未来的优化早已经成为业界普遍关注的内容。

当前,大型数据中心资源正逐步整合,正朝着规模化、绿色化以及集约化的方向发展。位于核心城市地区的数据中心,由于距离客户近、网络延迟慢以及人才聚集等各种优势,可以用来更多地存放热数据;而对于较为偏远地区的数据中心,由于电力成本等因素,可以用来处理时效性不是很高的业务。

2.5.2　边缘

提到数据存储位置,我们就不得不正视边缘的力量。所谓边缘,是由企业管理的、不位于核心数据中心的服务器和设备,包括服务器机房、位于一线的服务器、基站以及为了加快响应速度而分布在各个区域和偏远位置的较小的数据中心。边缘是一个位置,而不是一个物体。

边缘是网络的外围边界:有时可能距最近的企业或云数据中心数百千米,但却尽可能靠近数据源。边缘有可能是生产企业车间、建筑物楼顶、户外手机基站,也有可能是自动驾驶汽车或者油田的作业平台。随着边缘应用地位的凸显,当前的边缘无处不在,随处可见,边缘是保障实时决策的重要因素。

随着边缘的崛起,我们关注的重点是边缘与核心如何进行方圆互补。很多企业正在努力将部分关键业务下沉到边缘,以便于打破网络传输的瓶颈,减少成本的同时能够降低时延。有预测表明,到 2025 年,75% 的数据将在数据中心以外的地方生成和处理。尤其是在 5G 和物联网的广泛部署、人工智能变得更为经济实用等因素的驱动下,以及解决延迟、海量数据造成带宽不足、成本以及数据主权和合规性等问题的需求下,边缘计算的应用场景会更加广泛。

越来越多的数据需要在边缘进行分析和处理。技术和经济手段的独特结合使我们能够在边缘汇集、存储和处理更多的数据。

2.5.3　终端

终端围绕在我们生活的角角落落,很多终端设施已经成为我们日常工作和生活的必备品,包括网络边缘的所有设备,如计算机、电话、工业传感器、联网汽车和可穿戴设备。以联网汽车为例,由于联网汽车在行驶中高度依赖集成在车身的大量摄像头所采集和分析的视频等数据,一辆自动驾驶汽车每小时大约产生超过 3TB 的数据,这还不包括资讯娱乐以及 GPS 等数据。随着自动驾驶技术的发展以及联网汽车的智能化水平越来越高,集成的更多机器学习以及人工智能会让联网汽车在未来产生更加海量的数据。在未来,终端对于数据量的贡献依然显著。

第3章

数据的未来

3.1　当前的数据

时代在不断进步，人类也在文明的道路上越走越快。回顾过往，基本每个世纪都会诞生新的变革性的技术，改变生产要素和生产关系，推动生产力的不断提高。

20 世纪出现的电子信息、生物科技、新材料与新能源等改变人们对人类社会的认知与结构，对经济和社会的推动作用也有目共睹。大数据被认为是继信息化和互联网后整个信息革命的又一次变革，为数据世界带来一次实实在在的颠覆。云计算和大数据共同引领以数据为原材料、计算为能源的又一次生产力的解放，甚至我们可以这样说：大数据带来的颠覆可以与第一次工业革命中蒸汽机的使用以及第二次工业革命中电气的使用相媲美。当前，提升国家竞争力以及国民幸福指数等密切相关的重大战略都与大数据分析息息相关。

从大层面讲，大数据不仅是一种海量的数据状态及其相应的数据处理技术，更是一种思维方式、一项重要的基础设施。它关系着与国家安全、社会稳定相关的尖端武器制造与性能模拟实验；关系着与国民经济繁荣相关的经济态势感知和预测分析；关系着全球气候和生态系统的掌握和分析，是治理交通拥堵、雾霾、民众安全、看病难、食品安全、教育资源分配欠均等"城市病"的利器；它为政府打开了解社情民意的政策窗口，为打造智慧政府提供有力支撑；它也与医疗卫生相关的个性化监控监护及医疗方案、大规模流行病趋势预测和防控策略息息相关。以大数据在医疗抗疫方面的作用为例，手机扫描健康码，在机场、码头、车站，用大数据实现旅客行踪可追溯；疫情信息统计分析，到流动人员健康监测、确诊病例追踪，再到疫情态势研判、预测实时疫情地图可视化表达，这一系列都是大数据在疫情防控中得到有效应用的缩影。与2003年前抗击非典疫情相比，此次新冠肺炎疫情防控是一场典型的数字时代的抗疫战。大数据比人跑得快、跑得远，甚至有时还能跑到事情发展的前头。

　　大数据在医疗卫生方面的应用在很早以前就已经开始显出其卓越的能力。研究人员发现，Google搜索关键词中，"流感症状"以及"流感治疗"等这样的关键词出现的高峰要比一个地区医院急诊室流感患者加速增加的时间早两三个星期，而急诊室的报告往往要比浏览记录高峰慢两个星期左右，而根据大数据的预测能力，医院完全可以提前进行部署，如可以提前针对流感准备应对预案，加大相关药物的采购、安排更多的医护人员以及设备等。由此可见，大数据的预测能力完全有可能被应用于公共卫生。

　　同样，大数据也可以被应用于经济发展以及经济预测等领域。全球脉动（Global Pulse）是一项由联合国发起的行动计划，该计划希望大数据能够给全球的发展带来杠杆的作用。在该组织中，他们会用自然语言破译软件，针对社交网络中的信息等相关内容进行情绪分析，希望以此来帮助预测出特定地区的疾病暴发、失业和就业以及开支缩减等情况。通过这样的数字化预警信号的预测，可以预先指导相关部门进行援助计划的制订以及分析信号出现的原因，如通过数据预测一个地方经济情况下行，从而指导该地政府根据具体数据和调研去分析到底是发展不平衡、投资流失还是劳动力结构变化等因素带来的下行，并且制定有针对性的援助和扶持措施，从而实现经济提振。该计划通过最终的研究显示，在经济预测方面，通过Google上房产相关的搜索量的上升以及下降等趋势做出的预测比地产经济学家的预测更加准确。从医疗卫生和经济预测这几方面，可以总结出大数据时代的一个非常有趣的现象：专家的优势似乎已经没有那么明显了，因为大数据的应用打破了专家的信息优势。从某种意义上说，大数据也可以称得上一个考虑全面、冷静客观的专家。

从个体层面看，数据可能比你自己、比你身边最亲近的人更了解你。数据知道你喜欢什么，看到了什么，用了什么，去了哪儿，知道你一般会做出怎样的反应，了解你的性格喜好以及你的心情变化。更具体一点来说，如上淘宝购物，登录支付宝账号，打开电子对账单，就可以清楚明白地看到自己的消费记录，有的朋友看到年度账单时，才恍然惊叹"我原来是这么的有钱"或者"我原来是个花钱小能手"，更有意思的是，从这些账单中还可以了解一些人际关系，看到一些社会心理，分析一下经济形势。而有的网友则会戏言，已经标记了支付宝开支非常大的朋友，方便以后借钱。数据不会撒谎，支付宝账单忠实地记录了每位用户口袋里的钱的去向。那个看上去颇为巨大的数字，其实也一目了然地透露了用户的情感倾向：是把钱主要花在了自己身上、爱人身上、孩子身上还是宠物身上。并且，根据往年的账单，还可以预测之后年度的花销去向，并且准确率非常高。

生活中，每个时刻每个行为都会产生数据，我们起床后的第一件事情可能不是和家人问早安，而是摸起手机，开启一天的网络生活。我们的网络浏览痕迹、网购喜好、社交网络习惯等每一个足迹都会以数据的形式存储下来。相信大多数人自己的记忆都不如数据精准及时、事无巨细。借助于这些数据的分析和研究，就可以在数据世界中拼出一个比你自己更了解的自己。

当前，能够被数据化的东西越来越多了，并且在大数据时代，一切预测和分析都在动摇着我们以往惯用的方式，为我们的世界带来了以往没有的颠覆性的变化。大数据的重要性以及战略地位已经毋庸置疑，很多国家在加大数据技术的前期投资，保障大数据在科研领域的发展，构建数据分析系统和人才培养，推进其在商业、农业、医疗、教育等各个领域的积极应用，加大在国际上的大数据话语权,从而占据大数据时代的有利位置。这要求政府管理者须具备大数据思维,将大数据与国家治理紧密结合。

3.2 未来的数据

3.2.1 未来数据

大数据会影响世界格局,以数据为基础的科技发展、对核心数据资产的拥有和处理能力会影响未来数字世界的格局划分,能够点"数"成金,掌握新技术且具备高效数据处理的国家和企业会有更大的发展潜力。也就是说,一个国家拥有数据量的多寡,在某种程度上代表了这个国家经济发展的程度,因为大数据是一个国家战略实力的体现,也是一个国家基础性、战略性的科技资源,当今世界格局中,一个国家的大数据能力成为考量这个国家实力的新要素。

未来世界的大数据会更成为一种更加有力量的驱动力,推动着政府和企业的决策与改变,推动着经济走出低迷、向前迈进,改变着各个国家和区域的竞争方式与格局,给这个世界带来了前所未有的新力量。

1. 大数据为各国的经济增长带来新的驱动

大数据是一个很神奇的事物,不是资金、不是劳动力,也不是自然资源,却能够带来经济增长驱动力。信息技术的不断发展,全球信息化的程度越来越高,数据不断产生,不断流转,全球化的信息越来越成为常态,数据已经覆盖了各个领域,人人有数据,处处有数据,这些都可以成为大数据为各国经济增长的新的发展驱动力。

2. 数据资源成为国家和企业竞争资源

从资本到土地资源等都是国家之间以及企业之间进行博弈和竞争的目标,随着大数据也成为一项重要的战略资源,未来,不论是国家还是企业的竞争中也加入了数据的竞争,数据的规模、数据的活动、数据的价值、运用数据的能力以及保障数据安全的能力都是国家之间以及企业之间数据主权的体现,数据资源有可能会重新塑造国际以及企业界的竞争格局,在这场博弈中,数据资源的重要性也会越来越凸显。

3. 数据可以改变国家的治理方式

改变国家的治理方式,这件事情听起来很大,但是,大数据确实是可以做到的,大数据可以成为国家治理的显微镜和望远镜。大数据在很多领域和行业引起了变革,对于国家来说,大数据也为国家带来了变革,政府的职能不断地进行转变。未来,大数据与国家治理将会实现更深度的融合,将对政府组织再造、政务流程优化、行政审批改革等产生强烈催化。通过大数据分析,可以增强决策的科学性和行动的精准及时性;准确判别群众潜在的真实需求,提供精细化、个性化服务;深入了解社会态势,及时化解社会矛盾、减少风险。此外,基于各类监管信息进行大数据分析和综合研判,可以实现对市场信息的统一高效监管,实现更有预见性的风险防范。目前,我们国家可以通过大数据分析了解民情、收集民意,可以在获取、整合、分析各类数据的基础上,更好地回应人们关切的问题,努力实现和满足人民群众对美好生活的向往。在关乎国计民生的重要领域,大数据也会彰显更强大的实力,大数据在教育、就业、食品安全、社会保障、医药卫生、住房交通等领域的普及与应用,在精准扶贫、环境治理等领域的有效实践,充分证明了大数据是创新公共服务、保障和改善民生、增进人民福祉的重要推动力。

在实际工作中，敢于并善于运用大数据，善于获取数据、分析数据、运用数据，是一个国家治理者在未来做好工作的基本功。

无论是从制度层面还是从行动层面来看，大数据都在悄悄改变着国家的治理方式。

4. 大数据给政府角色带来转变

国家的治理是一个复杂的结构，数据的信息化和全球化促进了不同的参与主体之间的角色转变，从封闭性到开放性，资源配置的方式和资源共享的方式等，以数据为基础设施的大数据制度不断被建立，而政府在其中所扮演的角色也会随之有一些变化。应该知道，大数据、互联网已成为人类经济社会发展的潮流，面对潮流，顺之者昌、逆之者亡、领之者强。我们要成为大数据发展的领导者。

我们需要有历史方位感，如果不能站在未来的角度看到并看透今天的互联网大潮，就会成为被淘汰的对象。反过来，如果积极顺应这一趋势，适应之、变革之，则会变得更强。

特别需要强调的是，角色转变的重要基础是管理者一定要树立互联网思维。一段时间以来，企业家们都在讨论什么是互联网思维。不管是互联网企业家还是传统企业家，他们都在积极参与探讨，而对于政府来讲，更重要的是要做到"互联网＋政府"。因为互联网已经不仅仅涉及经济层面，而且已经影响到政府决策、公共管理等和民生服务息息相关的众多领域。可以预见，不具备互联网思维的政府和企业管理者在未来的发展中将举步维艰。面对历史潮流赋予我们的大趋势，政府和企业管理者们需要清楚地知道如何用互联网思维去思考经济、去抓发展、去提升治理能力，这也是当前很多机构引入新型数据人才的重要原因。

5. 推动数据安全战略

大数据时代模糊了涉密数据和非涉密数据的绝对界限,碎片化数据、模糊化数据等传统意义上被认为安全的数据,但在大数据时代,将海量的碎片化、模糊化数据汇聚到一起,即使这些数据在公开之前经过了精心的脱密处理,通过深入的大数据关联分析,也可以洞察到隐藏在大数据表象背后的重要情报,这为国家安全和企业管理带来了很多看不见的隐患,在国家安全层面,可能会涉及军事安全、政治安全、经济安全以及文化安全等多方面。

以军事安全为例,两国交战,即使没有掌握对方的武器装备参数,如果通过数据分析得到对方军队的组织体制、领导层、政治工作制度、军事学术以及部队信息、外交情况等内容,经过对作战的模拟,也会对战争决策起到非常关键的作用。未来信息化战争将是陆、海、空、天、电等多维空间的一体化联合作战行动,参战的军兵种多、武器装备种类多、作战样式多,作战协同十分复杂。如果对编制、装备、人员、时间、区域、距离等数据缺乏定量分析和精确计算,就不可能有科学的决策。

未来的数据主权的争夺是没有硝烟的战争。随着人工智能、物联网、5G、云计算等技术对数据采集、挖掘、分析的增长发展,海量数据正在成为经济社会发展新的驱动力,海量数据将重新定义大国博弈的空间,海量数据将改变国家治理架构和模式,海量数据将直接影响信息战,"数据主权"已事关国家总体安全。

不难想象,数据的重要性会受到越来越高度的重视,数据安全问题成为多数国家和企业家们很敏感的话题,国家的信息网络建设、国家的资源信息这些数据安全已经作为国家安全战略的重要一部分存在。数据安全也已经上升到国家战略的层面,很多国家开始注重数据安全战略的建设。自 2021 年 9 月 1 日起施行的《中华人民共和国数据安全法》就是一个很好的例证,其他国家和地区也同样在推动数据安全,加拿大、澳大利亚、印度尼西亚等国家均已制定新的个人数据保护法规,美国、韩国、新加坡、日本等国也纷纷针对个人信息相关法律做出大范围修订,欧盟发布多个指南文件,以进一步明确和细化 GDPR(通用数据保护条例)的相关要求。

从数据治理的可能结果来说,我国面临着较大的数据安全风险。目前,全球大数据战略博弈加剧,很多国家对于全球数据的监控升级,并且一些大规模收集敏感数据的行为也时有发生。

而从趋势方面来看,中国的大数据量不断增多,彰显出了在科技、经济等方面不断进展的良好趋势。往更深层次走,拥有海量的大数据固然重要,因为数据是基础,但在此基础之上,国家和企业更应该关注的是大数据深刻的内涵到底是什么、它将在哪些方面发挥怎样的潜力。破解这些问题让数据密集型科学与发现随之变得越来越重要。这是因为数据本身并不是价值的生产者,而是价值的载体,只有通过分析才能发掘出其背后真正的价值。中华人民共和国成立 70 多年来,我国的人口资源、社会活跃程度均在全球处于领先水平,海量数据资源也与之相伴相生,而海量数据的背后蕴藏的价值是无法估量的。应该说,数据之大,"大容量"只是表象,"大价值"才是根本。

3.2.2　应对未来的大数据思维

未来,大数据就是制胜的王道,但在大数据应用的过程中可以发现,拥有大数据并不等于拥有一切。对于大数据,很多企业甚至是国家有一个稍稍偏差的认知,它们觉得拥有大量的数据是获得价值的根本。然而,事实并非如此,拥有大数据思维,挖掘大数据价值,远比拥有大量的数据本身更具有价值,而这个过程中,大数据思维才是在大数据时代立足的王牌定律。

随着时代的发展以及技术的进步,数据也在进行由小到大、由简单到复杂的转变,随之而来的是在大数据时代下,诞生了很多种思维方式,如果能掌握其中的多种思维定律并且在实际中加以融合应用,有可能会带来很多不一样的变化。以大数据时代的政府治理为例,随着数字技术的广泛应用,政府治理模式也出现了前所未见的情形,数字技术正在广泛应用于政府管理服务以及更高水平的数字政府的建设中,从而运用大数据提升国家治理现代化水平,通过促进政府治理思维的现代化变革,用创新性的治理理念推动政府管理和社会治理模式,实现政府决策的科学化、社会治理的精准化及公共服务的高效化。

放眼世界竞争格局,大数据已经成为国家治理函数的关键变量,尤其在现在,数字化转型的需求越发凸显,数字化治理逻辑成为重中之重,大数据时代"下半场"正在拉开帷幕,唯有树立正确的大数据思维,才能更加稳步推进国家治理能力的现代化变革。那么大数据的思维有哪些呢?

1. 大数据的定律思维

数据虽大,但也是有规律可循的。很多数据研究者在研究数据规律,并且也得出了一些被认同的观点。而如果要挖掘到数据的价值,需要具备定律思维,需要研究并找到这些规律。

之前,有两个比较数值的突出的大数据定律:秒级定律和摩尔定律。

秒级定律,顾名思义,是与数据的处理速度有非常大的关系。大数据的时效性要求处理数据的速度非常快,可以在秒级时间内给出准确的分析结果,从而供人们预测和评判。如果所用的时间太长,处理速度慢,就会失去其秒级定律的价值。而秒级定律也是传统数据挖掘区别于大数据挖掘技术的一个重要特征。也只有大数据挖掘技术才能够实现秒级出结果。

另外一个摩尔定律是什么呢? 其实指的是简单地评估出半导

体技术进展的经验法则。该定律是由英特尔(Intel)公司创始人之一的戈登·摩尔开启的经验之谈,其核心内容为:集成电路上可以容纳的晶体管数目在每经过 18～24 个月便会增加一倍。换言之,处理器的性能大约每两年翻一倍,同时价格下降为之前的一半。

摩尔定律是摩尔的经验之谈,但并非自然科学定律,它一定程度上揭示了信息技术进步的速度。1998 年,台湾积体电路制造股份有限公司创始人张忠谋曾经说过:摩尔定律在过去 30 年非常有效,在未来也依然会适用。但很快,新的研究发现,摩尔定律的时代可能很快将结束,因为研究和实验室成本需求非常高昂,而财力雄厚的且能够创建和维护芯片工厂的企业少之又少,再加上制程越来越接近半导体的物理极限,将很难让摩尔定律再继续有效。其中,Intel 高层人士开始注意到芯片生产厂的成本也在相应提高。1995 年,Intel 公司董事会主席罗伯特·诺伊斯预见到摩尔定律将受到经济因素的制约。同年,摩尔在《经济学家》杂志上撰文写道:"令我感到最为担心的是成本的增加……这是另一条指数曲线。"他的这一说法被人称为摩尔第二定律。摩尔第二定律是应时代发展速度的需求,在摩尔定律基础上的演进。

之后,又出现了新摩尔定律的演进。新摩尔定律是来自于中国 IT 专业媒体的提法,指的是中国 Internet 联网主机数和上网用户人数的递增速度,大约每半年就翻一番。而且专家们预言,这一趋势在未来若干年内仍将保持下去。

摩尔定律并非数学、物理定律,而是对发展趋势的一种分析预测,因此,无论是它的文字表述还是定量计算,都应当容许一定的宽裕度。从这个意义上看,摩尔的预言是准确而难能可贵的,所以才会得到业界人士的公认,并产生巨大的反响,并且也在后期发展出摩尔定律的演进版本。

秒级定律和摩尔定律都是大数据的定律思维,并且可以看出,大数据时代正在聚集改变的力量，其定律也一定会随着时代的发展而产生变化和演进。要深度了解大数据时代的定律，从而更好地在数据价值挖掘的战争中获得先机。

2. 大数据的集合思维

另一个大数据思维是集合思维，也就是把没有相关性或者关系紧密的数据组合到一个集合中，就能更有效地处理这些相关的数据。数据数量上的增加，可以产生从量变到质变的过程。应用于商业领域，这些集合后的数据可以有效、清晰地分析出每个客户的消费观念、消费能力、倾向、爱好以及需求等，然后再制定进一步的推送方案。大数据集合数据数量上的增加，能够实现从量变到质变的过程，这和一部电影的形成同理。例如，我们看到一张美丽的照片，照片中有玩耍嬉戏的儿童。如果每分钟，甚至每秒都会拍摄一张照片，随着处理速度越来越快，照片从一分钟一张，到一秒一张，再到一秒十张，这就产生了电影。当照片的数量增长实现质变时，这一张张照片就变成了一部完整的电影。

其实 Google 公司（以下简称 Google）就是一家典型的具备大数据集合思维的公司，其理解大数据的核心所在，所以才走进了大数据潮流中。Google 早年间就开启了数据搜索之旅，并且利用数据构建了闻名全球的产品，例如，Google Search、广告、Google Translate、音乐、趋势以及更多其他的以数据为基础的产品，这些产品都是以海量的大数据作为基础的。而这些场景也证明，Google 本质上就是一个大数据公司：Google 取景车搭载着全景摄像头在到处跑时，说明 Google 已在搜集全世界绝大多数城市的街景图，并且 Google 的街景汽车可以携带甲烷分析器，在街道行驶并绘制道路地图。这意味着这些汽车在为 Google 地图获取街景图片内容的同时，它们也在以半秒为时间单位，测量所在街道甲烷的浓度。将所有搜集到的数据集合起来，研究小组可以标记哪里存在甲烷的泄漏以及泄漏的程度,从而实现环境治理的目标。此外,Google 还可以搜集到更多让人意想不到的数据,如 Google 将用户在搜索时打错的字收集、存储起来,然后将它们和正确的输入内容进行联系,从而开发了较为智能的 Google 自动更正系统以及 Google 翻译,它将大数据的集合思维发挥到了极致。

谈到大数据的集合思维,不得不提一下 Meta(或者人们熟知的 Facebook),其在互联网大数据搜集方面属于后来者居上的类型。2022 年 3 月,Meta 服务"家族"(其中包括 Meta、Instagram、WhatsApp 和 Messenger 等服务)每日活跃用户人数的平均值为28.7 亿人,这么多的活跃用户每天产生的数据量惊人,而现在存储的近 10 亿用户分享的个人信息,其中包括年龄、性别、所在地、兴趣等内容,以及用户个人生活时间轴页面发布的个人生活记录和故事,所有这些数据的集合经过分析,就能够得到用户的过去和现状,还可以对用户的未来进行预测。随着时间的推移以及数据的记录,Meta 就会越发了解用户,从而可以通过复杂的用户数据分析来帮助商家接触潜在的目标客户,而商家的广告投放就会越来越精准,它们就恰到好处地利用了大数据的集合思维来进行商业价值的实现。

大数据时代,需要大量可以相互连接的数据集合,在一个大数据计算平台,将数据转换为核心以及资产,毫不夸张地说,掌握数据思维,会得到成功商业行为的行动宝典。

3. 大数据的创新思维

创新思维是人类思维的高级过程,人们的生活、工作和世界的前进中,都离不开创新思维,创新思维要能够突破旧的思维定式,如果没有创新思维,遇到难题就无法打破常规去思考。大数据时代,更需要用大数据的视角进行创新,这将会改变未来世界的格局,如云计算的创新、物联网的创新,以后在国防、反恐、安全等领域的创新。

大数据的创新思维是一种颠覆式的思维方式变革，通过数据驱动的相关性分析方法，使"预测"成为大数据最核心的价值，也使"数据驱动决策"成为大数据时代的最佳实践，这体现的就是一种开拓创新的科学思维。

据 IDC 预测，全球数据圈 2022—2026 年将实现 2 倍增长。大数据的到来和发展势不可挡，它抓紧了时代的前沿和趋势。

早在 2012 年 3 月，美国政府宣布"大数据的研究和发展计划"，将大数据视为增强国家竞争力的秘密武器之一。之前也提到过，大数据已经成为国家的战略。其实，不仅仅是美国，包括我国在内的很多其他国家，也都把大数据放置在国家战略层面上，并出奇地一致认为：一个国家未来的竞争力将体现在拥有数据的规模及运用数据的能力上。这一创新思维，已为在信息技术领域的人们好好上了一课，更有甚者，将大数据比喻为推动人类社会发展的"新石油"，其实这样的比喻毫不夸张，贴切至极。

此外，就连当今世界科技创新、国家安全战略以及新军事变革也越来越依赖于大数据，大数据也成为国家安全的新式"武器"。在海量的数据库面前，随便打开一个数据库，里面都是价值连城的数据。再通过智能学习和分析，从而发现规律并且最终能够获取高价值的信息，辅助做出重要决策，把控全局。这就是大数据创新思维在军事价值方面的体现。一个很合适的例子就是美国的"海豹"突击队击毙本·拉登事件。该事件引起了很大的轰动，不过有人经过深入研究后指出，能够发现本·拉登并将其击毙，靠的是几千名数据分析员经过很长时间对海量信息的分析。因此，也有人说是"数据抓住了本·拉登"。利用数据的创新思维去驾驭未来战争是时代发展的必要过程，未来的世界绝不能忽视没有硝烟的大数据战场。

不仅是军事方面，大数据的创新思维已经渗透到了人类生活和生存的方方面面,其影响力已经到了不容忽视的地步。并且,当前的大数据创新思维已经对人类经济社会发展产生了以下影响。

首先,大数据的创新思维可以推动并实现巨大的经济效益。

据麦肯锡公司全球研究院通过研究得出结论:大数据给美国的医疗服务业带来的经济价值高达 3000 亿美元;大数据使美国零售业净利润增长 60%;大数据降低了制造业的产品开发和组装成本,并让其成功下降 50%。有专家称,大数据所衍生和产生的信息技术的应用需求,将推动整个网络信息技术的发展。仅 2009 年,Google 通过大数据业务对美国经济的贡献为 540 亿美元,而这只是大数据所蕴含的巨大经济效益的冰山一角。

大数据带来的经济效益也反向推动数字经济的发展,《数字中国发展报告(2021 年)》显示,2017—2021 年,我国数据产量从 2.3ZB 增长至 6.6ZB,全球占比达 9.9%,位居世界第二。大数据产业规模快速增长,从 2017 年的 4700 亿元增长至 2021 年的 1.3 万亿元。2017—2021 年,我国数字经济规模从 27.2 万亿元增至 45.5 万亿元,总量稳居世界第二位。

其次,大数据的创新思维可以增强社会管理水平。

一般认为,大数据的本质就是利用信息消除不确定性。大数据的核心价值是通过分析数据探求其中的内在联系以预测未来趋势。要注重运用大数据思维加强和指导社会治理,实现社会治理的智能化。在政府和公共服务领域,大数据的出现有效地推动了政务工作的开展,提高了政府部门的决策水平、服务效率和社会管理水平,并产生了不可估量的社会财富。在大数据的影响和帮助下,我国很多城市开始运用大数据分析,采集到准确的交通流量数据,从而能够及时地提醒乘客最佳的出行路线,如乘客可以根据百度地图的实时数据,综合考虑时间以及费用等因素,最终选择是乘坐公共交通还是打车,以此改善交通拥堵的状况。大数据思维为社会治理带来了新思路，实现了从被动治理向主动治理、从经验治理向数据治理、从粗放治理向精细治理的转变。事实上，大数据思维方式的运用，一方面可以消除信息不对称，使治理主体更多地掌握治理对象的信息、动态；另一方面可以有效地识别风险，从被动地承担风险转向主动化解风险，从而减少不确定性，推动社会治理按照预期方向发展。

最后，大数据所具备的创新思维还可以推动和提高安全保障能力。

利用大数据的创新思维，能够提升大到一个国家，小到一个企业、一个社区的安全保障能力，大数据创新思维在国防、反恐、安全等领域，正在起着越来越重要的作用。例如，大数据会将各部门搜集到的信息进行自行分类、整理和分析，有效解决情报、监视和侦察系统不足等问题。党的二十大新闻中心举行的第三场记者招待会上，公安部党委委员、副部长许甘露指出，当今中国已成为世界上公认的最安全的国家之一。我国是命案发案率最低、刑事犯罪率最低的国家之一。因此，人们可以了解到，大数据的创新思维不仅是认识和改造世界的有力工具，而且能够掌握事物的发展规律，准确预测未来；能够为整个社会避免安全问题的出现，让人类生活在一个更为安全以及幸福指数更高的环境中。

4. 大数据的转型思维

想要利用好大数据服务于各个领域，就需要具备大数据的转型思维。例如，政府部门和企业能够从大数据的使用中突出受益，不仅是因为它们在数据占有方面具有天然的优势，更重要的是它们拥有转型思维，不然再多的数据没有得到应用也是浪费。只有先占有巨量的数据，才能从中挖掘出巨大的价值。

首先，在一个重视大数据的政府中，一定有专门的统计部门和干部队伍。例如，国家统计局会定期开展人口普查和经济调查，大多数部委都设有发展规划司,很多单位都设有发展规划处,而财政、交通和气象等部门其实也掌握了大量有关经济社会运行的数据;其次,政府工作关系着民生的方方面面,在日常行政过程中,也自然而然地会积累各类与社会生活息息相关的数据;最后,政府还可以根据需求,要求企业、事业单位、行业协会提供各种数据。总之,政府有了大数据的转型思维,才可能去采用更多的方式获得数据,从而实现数据治国的目标。

早在 1996 年,美国联邦政府就声称信息是重要的国家资源,并认为自己是美国最大的单个信息生成、搜集、使用和发布方。美国财政部、美国卫生部和美国劳工部也都是数据密集型的行政管理部门,而这只是美国联邦政府数百个机构当中的几个例子。为承担这些数据的存储和维护工作,1998 年,美国联邦政府共拥有432 所数据中心,而到了 2010 年,数据中心的总数跃升到 2094 所,翻了几番。1996 年,美国联邦政府的年度信息技术预算是 180 亿美元,之后一直不断上升,到 2010 年,已经高达 784 亿美元。

在数据应用方面,政府应该清楚,它们不仅大数据的受益者、大数据的占有者,更应该在建设大数据基础设施、培育大数据产业、培养大数据人才、支持企业大数据发展和应用、完善相关标准和立法等方面负有至关重要的责任。尤其在我国,政府在资源配置方面发挥着重要的作用,善于集中力量办大事,其强大影响力是带动大数据加速发展的优势所在,而贵州打造的"互联网+政务服务"平台就是一个值得借鉴的例子。据了解,贵州从 2015 年开始打造"互联网+政务服务"平台,通过省级统筹,建成了覆盖省、市、县、乡、村 5 级的贵州政务服务网。平台承载能力和服务能力不断提升,目前,省、市、县 3 级 4100 多个部门、1500 多个乡镇、1.7 万余个村居通过这"一张网"发布信息、提供服务。

不过,我国政府在大数据方面才刚刚起步,要利用好大数据,所面临的困难不仅是技术的因素,更面临一系列的大转型。

1）从粗放型管理向精细化管理转型

从粗放式管理到精细化管理，就是要在经济投入、成本控制、人员管理、质量监管等生产环节中建立一套合理有效的运行体制，管理过程实现科学有效。而精细化管理是一种理念、一种文化，是一种以最大限度地减少管理所占用的资源和降低管理成本为主要目标的管理方式。改善粗放式管理实际上就是从粗放式管理向精细化管理转变，这不是一蹴而就的事情，需要政府机构和企业一步一个脚印地扎实推进。首先，切实转变观念，摒弃与现代企业管理不配套的思想和管理理念。其次，当制定目标后，强力执行目标。最后，优化运营流程，如在运营过程中，对企业所涉及的每一家客户进行精细化分析和掌控，并且对于业务和交易的整个过程进行记录分析，为后期的服务优化提供基础。

2）从单兵作战型管理向协作共享型管理转型

过去，不同政府部门拥有自己的信息系统，各自为战，信息很难实现共享和流通。而大数据时代的重要特点就是打破数据孤岛，打通数据通道，让不同机构、不同企业乃至不同部门和系统之间消除隔离，实现数据信息共享共用，最大限度地发挥数据的作用，为经济社会发展服务。例如，当前，税收部门可以借助大数据平台，实现第三方涉税信息共享，并且信息的共享是实时的。通过这样的共享型方式，不仅加强了信息的公开度，同时也提升了办税服务的办事效率，限时办证可以变为即时办证，而需要填写的各种登记信息等表格也减少了很多。协作共享型管理的转型有利于大数据的信息价值的最大化。

3）从被动响应型管理向主动预见型管理转型

被动响应向主动预见的转变是大数据可以为我们带来的最为显著的"福利"，例如，在双十一，打开购物 App 就会发现，之前浏览过的产品，其同类相关产品会被推荐给我们，而如果我们购买产品后，平台还可以实现针对特定受众发送定制短信内容的精确式短信服务,包括发票开票提醒、取消到期未支付订单的通知等,这些内容提升了服务质量以及精准度。

4)从纸质文书管理向电子政务管理转型

万物皆可信息化,从大数据思维的角度理解,企业和各个机构应该积极拥抱信息化,从阻碍效率且安全性不能得到保障的纸质文书过渡到电子政务,其中包括各种表格以及发票等内容。以广东的税务电子化为例,当前,广东地税互联网电子税务局已基本建成,纳税人仅需短短 5min,足不出户就能轻松办税。全省网报开户纳税人为 134.2 万,开户率为 90.8%;电子报税的纳税户占纳税户总数的 95%以上。广东省还在全国率先推行网络开具发票,不仅方便纳税人,还使税务机关能第一时间掌握每张发票的信息,实时与企业纳税申报数据比对分析,及时发现未缴、少缴税款的情况,保障了税款准确及时入库。网络发票的普及有效解决了假发票泛滥问题,大幅减少了用假发票报销的现象。纸质到电子的转变也是大数据应用的一个标志,而电子化的应用会促进管理过程中的思考更为全面、覆盖更广、指导性更强。

5)从风险隐蔽型管理向风险防范型管理转型

大数据思维转型的另一个重点在于风险管控方面,依托于互相流通共享的数据,管理系统能够对整个工作的流程进行全程的监控和分析,以技术手段防控各类执法和廉政风险,并且在这个过程中,也更容易分析和判断出潜在问题,从而能够在后期的运行中有效规避风险,切切实实做到防患于未然。

精细化管理、主动预见型管理、电子政务管理、风险防范型管理,这些关键词也许还无法完全概括出大数据赋予现代管理思维的种种新理念,更多新型的理念可能等着进一步去挖掘和应用。不过,从当前的成果看,由于现代管理具有信息化、标准化的特征,只要有一种好的模式被创造出来,就可以迅速在其他区域、其他部门和其他企业予以复制和推广,这些成为大数据思维被传播以及扩散的良好机会。

6）大数据的战略思维

大数据是信息化发展的新阶段。随着信息技术和人类生产生活交汇融合，全球数据呈现爆发增长、海量集聚特点，对经济发展、社会治理、国家管理、人民生活都产生了重大影响。目前，云计算、物联网和大数据的基础设施已经基本完成，人们的目光不再聚焦于一个微小点的突破而是整个大数据平台下的战略眼光，这样的思维模式才能更加准确地抓住各种机会，这就是大数据的战略思维。

世界各国都把推进经济数字化作为实现创新发展的重要动能，在前沿技术研发、数据开放共享、隐私安全保护、人才培养等方面做了前瞻性布局。对以大数据为象征的信息资源开发利用能力，已经成为国际竞争及国家整体实力的重要方面。"十三五"规划纲要中提出实施国家大数据战略，把大数据作为基础性战略资源，全面实施促进大数据发展行动。加快推动数据资源共享开放和开发应用，助力产业转型升级和社会治理创新。习近平总书记指出："以大数据等信息化技术推进政府管理和社会治理模式创新，不断促进政府决策科学化、社会治理精准化、公共服务高效化。"这正应了颇具影响力的社会思想家阿尔文·托夫勒的《第三次浪潮》中的一句话：如果说 IBM 公司的主机拉开了信息化革命的大幕，那么大数据才是第三次浪潮的华彩乐章。

确实，大数据来得轰轰烈烈，震天动地，已经成为一场革命，而身处革命中的各个机构和企业，最需要的是战略思维。由于大数据具有的潜在价值和对世界的影响，很多国家未雨绸缪，将其视为战略资源，并提升为国家战略。高瞻远瞩、统揽全局，善于把握事物发展总体趋势和方向，其核心要义就是运用"战略思维"去拥抱和谋划大数据。

大数据在城市管理中的综合应用——智慧城市，也得到了各级政府的高度重视。目前,我国已经确定了国家智慧城市试点名单。据不完全统计,全国已有 95% 的副省级以上城市、76% 的地级以上城市,总计 230 多个城市提出或在建智慧城市,计划投资规模近万亿元。当前,我国的智慧城市建设尚处在起步阶段。在不远的将来,一座座集智慧交通、智能电网、智慧物流、智慧医疗、智慧环保、智慧社区、智慧建筑、智慧农业于一体的智慧城市,将让每一位居住在城市的居民都能感受到生活更加美好。

作为继云计算和物联网后又一次具有颠覆性的技术革命,大数据深受人们的推崇,并被广泛使用。此外,就连当今世界科技创新、国家安全战略以及新军事变革也青睐起大数据来,将其作为极为重要的知识增长点。数据在以我们都看不到的超高速度增长,每天遍布世界各个角落的传感器、移动设备和在线交易等产生的海量数据都在向世人昭示:人类已加速步入"大数据时代"。

未来,数字世界和物理世界将成为互相关联且独立的两个平行世界,虚实互助、以虚固实,而这恰恰是未来数字经济的写照。

第 4 章

数据全生命周期管理

数据是数字经济时代的核心生产要素,对生产力起着极大的促进作用。而要发挥数据生产要素的核心价值,需要对数据的完整生命周期进行管理。数据的生命周期从其产生到销毁,需要经历数据采集、数据传输、数据存储、数据交换和共享、数据处理、数据擦除/销毁等多个阶段。在此过程中,还需要对数据进行质量管理及安全管理,在保障数据能够被高效、安全地访问和使用的同时,最大化地发挥数据的价值。

4.1 数据采集

4.1.1 何谓数据采集

产生数据的有很多数据源,如各种工业、医疗的仪器和设备,各种物联网传感器,还有互联网的平台、系统及应用,人们的各种工作、生活行为等。数据采集就是利用一定的方法和手段从这些数据源中将数据收集上来,最终能够以数字化的方式将数据存储在一定的介质中。足够的数据量是大数据战略建设的基础,因此数据采集是大数据价值挖掘中重要的一环,其后的分析处理都建立在数据采集的基础上。

如前所述,数据的采集有基于仪器和设备的电子信号或数字信号的采集,有基于物联网传感器的采集,也有基于网络信息的采集。如在智能交通中,数据的采集有基于 GPS 的定位信息采集、基于交通摄像头的视频采集、基于交通卡口的图像采集、基于路口的线圈信号采集等。而在互联网上的数据采集是对各类网络媒介,如搜索引擎、新闻网站、论坛、微博、博客、电商网站、视频网站等的各种页面信息和用户访问信息进行采集,采集的内容主要有文本信息、URL、访问日志、日期和图片等。之后需要把采集到的各类数据进行清洗、过滤、去重等预处理并分类归纳存储。

4.1.2　数据采集的目的

数据采集的目的是对数据进行加工利用，最终发掘出数据的价值。具体来说，数据采集是为了构建体系化的数据资源，形成数据资产，然后对这些数据资产进行深度的分析、统计、加工、处理，最终能够发现和挖掘出数据的潜在价值，用于在战略、生产、经营、管理、营销、市场等各个环节进行监测和辅助决策，发现问题及风险，更好地服务于市场及客户等。其最终的目的是充分发挥数据的价值，促进生产力的提升，创造出更多的价值。

4.1.3　数据采集的原理

数据采集的原理根据数据源的不同，也存在一定的差异性。总体来说，数据采集是需要从监测单元中通过一定的工具采集出信号或数据。如在工业和物联网领域，是从仪器、设备或传感器等被监测对象的模拟或数字被测单元中自动采集非电量或者电量信号，经过有线或无线的方式，传送到存储设备或系统中，再通过计算机系统进行分析和处理。在这种情况下，数据采集的工作方式是将监测单元采集到的各种物理现象转换为电信号或数字信号，通过传输模块到计算机中，再转换为能理解的物理单位及数据。

针对网络信息或互联网系统的数据采集，则一般是通过监测程序、守护进程（Daemon），或是集成在相应系统或网页里的采集程序或脚本完成的，所采集到的数据直接进行本地存储，或是通过网络传送到服务器进行存储。

4.1.4 数据采集工具

针对物理现象的数据采集,尤其是在物联网领域,是为了测量电压、电流、温度、湿度、压力等物理现象而开发出一套采集工具或系统。它基于传感器、模数转换、无线通信模块等硬件,结合计算机及应用软件,完成各种物理现象的测量、转换及数据记录。常见的数据采集工具通常是集成了数据采集逻辑的采集芯片、采集仪表、数据采集卡,或者是专用的数据采集设备,如二氧化碳监测仪、医疗血糖采集仪器等。

网络及互联网信息的采集,则是基于数据采集程序及脚本。在数据量呈爆炸式增长的今天,数据的种类丰富多样,也有越来越多的数据需要将存储和计算放到分布式平台。在大型互联网平台中,如电商网站、媒体门户等,经常需要采集后台各个服务节点的日志,然后进行分析挖掘,用作产品或服务推荐等,数据采集工具也需要能够应对大量、实时、多点的数据。

4.1.5 如何采集数据

数据采集首先是要从数据源获取到原始数据,获取方式一般用采样的方式。采样可以是连续采样,也可以是间隔一段时间,对同一监测点进行重复采集。采集的数据大多是瞬时值,也可以是某段时间内的一个特征值。

在采集到原始数据后,还需要对数据进行 ETL(抽取、转换、加载),即不同数据源及格式的数据经过抽取,然后进行清洗、转换、分类、集成等预处理过程,转换为事件、文件或数据表,才能加载到对应的存储系统中。

4.1.6　常见的采集系统

数据采集系统是结合基于计算机的测量软硬件产品来实现灵活的、用户自定义的数据测量及采集系统。在工业及物理测量领域，根据实际应用环境和需求的不同，各行各业有着各种不同的数据采集系统。如在医疗领域，X 射线仪、CT（计算机断层成像）仪、PET（正电子发射体层成像）仪、超声成像仪、MRI（磁共振成像）仪等，这些都是我们所听说过的医疗数据采集仪器。

在网络信息采集领域，业界当前已经有了一些高效的数据采集工具，如 Flume、Scribe、Chukwa 和 Kafka 等。

Flume 是 Apache 开源的一个高可用、高可靠、分布式的海量日志采集、聚合和传输的系统，可用于从不同来源的系统中采集、汇总和传输大容量的日志数据到指定的数据存储中。Flume 支持在日志系统中定制各类数据发送方来收集数据，同时还可以提供对数据进行简单处理、写到各种定制数据接受方的能力。

Scribe 是 Facebook 开源的日志收集系统，在 Facebook 内部已经得到大量的应用。它能够从各种日志源上收集日志，存储到一个中央存储系统（可以是 NFS——分布式文件系统等）上，以便于进行集中统计分析处理。它为日志的“分布式收集，统一处理”提供了一个可扩展、高容错的方案。当中央存储系统的网络或者机器出现故障时，Scribe 会将日志转存到本地或者另一个位置，当中央存储系统恢复后，Scribe 会将转存的日志重新传输给中央存储系统。

Chukwa 是一个开源的用于监控大型分布式系统的数据收集系统。这是构建在 Hadoop 的 HDFS 和 MapReduce 框架之上的，继承了 Hadoop 的可伸缩性和健壮性。Chukwa 还包含了一个强大和灵活的工具集，可用于展示、监控和分析已收集的数据。

Kafka 是 LinkedIn 用于日志处理的分布式消息队列，LinkedIn 的日志数据容量大，但对可靠性要求不高，其日志数据主要包括用户行为（登录、浏览、单击、分享、喜欢）以及系统运行日志（CPU、内存、磁盘、网络、系统及进程状态）。

当前很多的消息队列服务提供可靠交付保证，并默认是即时消费（不适合离线）。高可靠交付对 LinkedIn 的日志不是必需的，故可通过降低可靠性来提高性能，同时通过构建分布式的集群，允许消息在系统中累积，使得 Kafka 同时支持离线和在线日志处理。

4.2　数据传输

4.2.1　数据传输概况

数据采集之后，需要将数据传输到保存数据的地方。数据传输就是按照一定的规程，通过一条或者多条数据链路，将数据从数据源传输到数据终端。数据传输的作用相当于人的神经传导系统，负责把各感官感应到的信息传达给大脑。数据传输需要高效、准确、及时地把采集系统所采集到的数据传送到目的地。

4.2.2　数据传输方式

数据传输系统通常由传输信道和信道两端的数据电路终端设备（DCE）组成，在某些情况下，还包括信道两端的复用设备。传输信道可以是一条专用的通信信道，也可以由数据交换网、电话交换网或其他类型的交换网络来提供。传输信道按传输媒体可分为有线信道与无线信道。有线信道包括明线、对称电缆、同轴电缆和光缆；无线信道包括微波、卫星、散射、超短波和短波信道。

数据传输方式是指数据在信道上传送所采取的方式。好的数据传输方式可以提高数据传输的实时性和可靠性。

1. 串行传输和并行传输

数据传输根据数据代码传输的顺序可以分为串行传输和并行传输。

串行传输是数据码流以串行方式在一条信道上传输。在串行传输时,接收端如何从串行数据码流中正确地划分出发送的一个个字符所采取的措施称为字符同步。串行传输的优点是易于实现;缺点是为解决收发双方字符同步,需外加同步措施。通常,在远距离传输时采用串行传输方式较多。

并行传输是将数据以成组的方式在两条及以上的并行信道上同时传输。并行传输的优点是不需要另外的措施就实现了收发双方的字符同步;缺点是需要传输信道多,设备复杂,成本高。所以并行传输一般适用于计算机和其他高速数字系统内部,外线传输时特别适于在一些设备之间的距离较近时采用。

2. 同步传输和异步传输

数据传输根据实现字符同步方式的不同,可以分为异步传输和同步传输两种方式。

异步传输是每个字符独立进行传输,一个连续的字符串同样被封装成连续的独立帧进行传输,各个字符间的间隔可以是任意的。在传输时需要在每个字符的数据位前后分别插入起始位、校验位和停止位构成一个传输帧。

异步传输的优点是实现字符同步比较简单,收发双方的时钟信号不需要精确的同步;缺点是每个字符增加了起、止的比特位,降低了信息传输效率。

同步传输是以固定时钟节拍来发送数据信号的,在串行数据码流中，各字符之间的相对位置都是固定的，因此不必对每个字符加起信号和止信号，只需在一串字符流前面加个起始字符，后面加一个终止字符，表示字符流的开始和结束。

3. 单工、半双工和全双工数据传输

数据传输按照传输的流向和时间关系可分为单工、半双工和全双工数据传输。通信一般总是双向的，有来有往，这里所谓单工、双工等，指的是数据传输的方向。

单工数据传输是两数据站之间只能沿一个指定的方向进行数据传输。数据由 A 站传到 B 站，而 B 站至 A 站只传送联络信号，前者称为正向信道，后者称为反向信道。一般正向信道传输速率较高，反向信道传输速率较低。

半双工数据传输是两数据站之间可以在两个方向上进行数据传输，但不能同时进行。问询、检索、科学计算等数据通信系统适用于半双工数据传输。

全双工数据传输是在两数据站之间，可以在两个方向上同时进行传输，适用于计算机之间的高速数据通信系统。

4.2.3　数据传输步骤

根据前述的不同传输方式，其传输步骤也会有一定的区别。总体上划分，数据传输步骤可以分为以下几个阶段。

（1）在发送端和接收端之间建立和打开传输信道。

（2）由发送端通过信道发送传输开始指示直到收到接收端的部件上的接受应答。

（3）在发送端接收到接受应答之后，由发送端通过信道发送至少一个有效的字符分组，接收端接收并确认。

（4）如果检测到分组的不良接收，由接收端向发送端发送出错消息。

（5）在由接收端发送的出错消息被发送端接收的情况下，从出错位置开始往后重新传输有效负载数据。

（6）重复以上过程直至传输结束。

（7）关闭传输信道，断开连接。

4.3   数据存储

4.3.1   数据存储概述

数据存储是将数据以某种格式记录在一定的存储介质或者存储系统中。最简单的方式是将数据直接存储在计算机系统内部的存储设备，如本地硬盘上。但数据存储还需要综合考虑数据的安全性、一致性，数据的访问速度，数据的备份、迁移、恢复等一系列相关的问题，因此，在数据的存储方式、存储技术和访问方式上，也出现了很多种的解决方案。除了本地存储的方式外，还有通过网络连接和访问的存储方式。同时，为了应对大数据时代海量数据的存储和访问，还出现了云存储这样的新型存储和服务方式。

4.3.2   常见存储介质

磁盘、磁带、光盘都是现在常用的或曾经常用的存储介质。数据存储组织方式因存储介质而异。在磁带上数据仅按顺序文件方式存取；在磁盘和光盘上则可按使用要求采用顺序存取或直接存取方式。数据存储方式与数据文件组织密切相关，其关键在于建立记录的逻辑与物理顺序间对应关系，确定存储地址，以提高数据存取速度。

4.3.3 存储技术

按照连接方式,存储技术大体上可以分为 DAS(Direct Attached Storage,直接附加存储)、NAS(Network Attached Storage,网络附加存储)、SAN(Storage Area Network,存储区域网络)3 类。

从连接方式上对比,DAS 采用了存储设备直接连接应用服务器,具有一定的灵活性和限制性;NAS 通过网络(TCP/IP、ATM、FDDI)技术连接存储设备和应用服务器,存储设备位置灵活,随着万兆网的出现,传输速率有了很大的提高;SAN 则是通过光纤通道(Fibre Channel)技术连接存储设备和应用服务器,具有很好的传输速率和扩展性能。

这 3 种存储方式各有优势,相互共存,占到了磁盘存储市场的70%以上。SAN 和 NAS 产品的价格仍然远远高于 DAS。许多用户出于价格因素考虑选择了低效率的直连存储而不是高效率的共享存储。

在大数据时代,由于数据爆炸式的增长,对于数据存储来说,用户关心的不只是解决海量数据的存储及访问问题,还有随之而来的运营维护、成本、性能、安全、备份等配套的设施及服务。每一方面都需要专业的团队及经验,要让用户自己处理所有这些问题已经变成了一个巨大的负担。云存储专注于向用户提供以网络为基础的海量数据在线存储服务,通过规模化来降低用户使用存储的成本。用户无须考虑存储容量、存储设备的类型、数据存储的位置以及数据完整性保护和容灾备份等烦琐的底层技术细节,按需付费就可以从云存储供应商那里获得近乎无限大的存储空间和企业级的服务质量。

下面具体介绍这几种不同的存储技术。

1. DAS

DAS 方式与普通的 PC 本地存储架构一样，外部存储设备都直接挂接在服务器内部总线上，数据存储设备是整个服务器结构的一部分。

DAS 方式主要适用以下环境。

（1）小型网络。因为网络规模较小，数据存储量小，且也不太复杂，采用这种方式对服务器的影响不会很大。并且这种方式也十分经济，适合拥有小型网络的企业用户。

（2）地理位置分散的网络。虽然企业总体网络规模较大，但在地理分布上很分散，通过后面要介绍的 NAS 或 SAN 在它们之间进行互联非常困难，此时各分支机构的服务器也可采用 DAS 方式，这样可以降低成本。

（3）特殊应用服务器。在一些特殊应用服务器上，如微软的集群服务器或某些数据库使用的原始分区，均要求存储设备直接连接到应用服务器。

（4）提高 DAS 性能。在服务器与存储的各种连接方式中，DAS 曾被认为是一种低效率的结构，而且也不方便进行数据保护。直连存储无法共享，因此经常出现的情况是某台服务器的存储空间不足，而其他一些服务器却有大量的存储空间处于闲置状态却无法利用。如果存储不能共享，也就谈不上容量分配与使用需求之间的平衡。

DAS 结构下的数据保护流程相对复杂，如果做网络备份，那么每台服务器都必须单独进行备份，而且所有的数据流都要通过网络传输。如果不做网络备份，那么就要为每台服务器都配一套备份软件和磁带设备，所以说备份流程的复杂度会大大增加。

与直连存储架构相比，共享式的存储架构，比如 SAN 或者 NAS 都可以较好地解决以上问题。但 DAS 仍然是服务器与存储连接的一种常用的模式。

2. NAS

NAS方式全面改进了以前低效的 DAS 方式。它采用独立于服务器，单独为网络数据存储而开发的一种文件服务器来连接所存储的设备，自形成一个网络。这样数据存储就不再是服务器的附属，而是作为独立网络节点而存在于网络中，可由所有的网络用户共享。

NAS 有以下优点。

（1）真正的即插即用。NAS 是独立的存储节点，存在于网络中，与用户的操作系统平台无关，真正的即插即用。

（2）存储部署简单。NAS 不依赖通用的操作系统，而是采用一个面向用户设计的、专门用于数据存储的简化操作系统，内置了与网络连接所需要的协议，因此使整个系统的管理和设置较为简单。

（3）存储设备位置非常灵活。

（4）管理容易且成本低。

NAS 方式是基于现有的企业 Ethernet 而设计的，按照 TCP/IP 进行通信，以文件的 I/O 方式进行数据传输。

3. SAN

1991 年，IBM 公司在 S/390 服务器中推出了 ESCON(Enterprise System Connection，企业系统连接)技术。它是基于光纤介质、最大传输速率达 17MB/s 的服务器访问存储器的一种连接方式。在此基础上，进一步推出了功能更强的 ESCON Director 光纤通道交换（FC Switch），构建了一套最原始的 SAN 系统。

SAN 存储方式创造了存储的网络化。存储网络化顺应了计算机服务器体系结构网络化的趋势。SAN 的支撑技术是光纤通道

(Fiber Channel,FC)技术。它是 ANSI 为网络和通道 I/O 接口建立的一个标准集成。FC 技术支持 HIPPI、IPI、SCSI、IP、ATM 等多种高级协议,其最大特性是将网络和设备的通信协议与传输物理介质隔离开,这样多种协议可在同一个物理连接上同时传送。

SAN 的硬件基础设施是光纤通道,用光纤通道构建的 SAN 由以下 3 部分组成。

(1) 存储和备份设备:包括磁带、磁盘和光盘库等。

(2) 光纤通道网络连接部件:包括主机总线适配卡、驱动程序、光缆、集线器、交换机、光纤通道和 SCSI 间的桥接器。

(3) 应用和管理软件:包括备份软件、存储资源管理软件和存储设备管理软件。

SAN 的优势如下。

(1) 网络部署容易。

(2) 高速存储性能。因为 SAN 采用了光纤通道技术,所以它具有更高的存储带宽,存储性能明显提高。SAN 的光纤通道使用全双工串行通信原理传输数据,传输速率高。

(3) 良好的扩展能力。由于 SAN 采用了网络结构,因此扩展能力更强。光纤接口提供了 10km 的连接距离,这使得实现物理上分离,不在本地机房的存储变得非常容易。

4. 云存储

云存储实际是网络上所有的服务器和存储设备构成的集合体,其核心是用特定的应用软件来实现存储设备向存储服务功能的转变,为用户提供一定类型的数据存储和业务访问服务。与传统的存储设备相比,云存储不仅仅是一个硬件,而且是一个网络设备、存储设备、服务器、应用软件、公用访问接口、接入网、客户端程序等多个部分组成的复杂系统。各部分以存储设备为核心,通过应用软件来对外提供数据存储和业务访问服务。云存储系统的结构模式如图 4.1 所示。

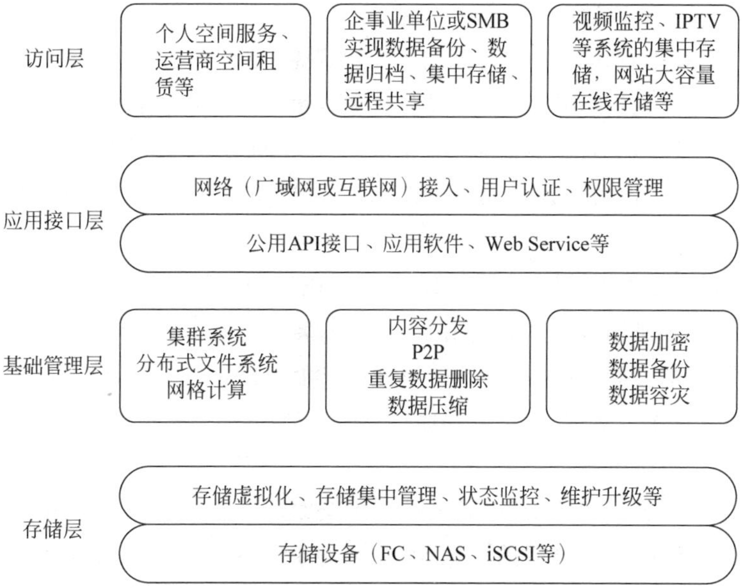

| 访问层 | 个人空间服务、运营商空间租赁等 | 企事业单位或SMB实现数据备份、数据归档、集中存储、远程共享 | 视频监控、IPTV等系统的集中存储，网站大容量在线存储等 |

图 4.1 云存储系统的结构模型

云存储系统的结构模型自底向上由 4 层组成,分别为存储层、基础管理层、应用接口层、访问层。

1) 存储层

存储层是云存储最基础的部分。存储设备可以是 FC 存储设备,可以是 NAS 和 iSCSI(Internet Small Computer System Interface,Internet 小型计算机系统接口)等 IP 存储设备,也可以是 SCSI(Small Computer System Interface,小型计算机系统接口)或 SAS(Serial Attached SCSI,串行连接 SCSI 接口)等 DAS 设备。云存储中的存储设备往往数量庞大且分布在不同地域,彼此之间通过广域网、互联网或者 FC 网络连接在一起。

存储设备之上是一个统一存储设备管理系统,可以实现存储设备的存储虚拟化管理、存储集中管理,以及硬件设备的状态监控和维护升级。

2）基础管理层

基础管理层是云存储最核心的部分，也是云存储中最难以实现的部分。基础管理层通过集群系统、分布式文件系统和网格计算等技术，实现云存储中多个存储设备之间的协同工作，使多个存储设备可以对外提供同一种服务，并提供更大、更强、更好的数据访问性能。

CDN（内容分发）系统保证用户在不同地域访问数据的及时性，数据加密技术保证云存储中的数据不会被未授权的用户所访问，同时，通过各种数据备份和容灾技术与措施可以保证云存储中的数据不会丢失，保证云存储自身的安全和稳定。

3）应用接口层

应用接口层是云存储最灵活多变的部分。用户通过应用接口层实现对云端数据的存取操作，云存储更加强调服务的易用性。不同的云存储运营单位可以根据实际业务类型，开发不同的应用服务接口，提供不同的应用服务。服务提供商可以根据自己的实际业务需求，为用户开发相应的接口，如视频监控应用平台、IPTV和视频点播应用平台、网络硬盘应用平台、远程数据备份应用平台等。

4）访问层

经过身份验证或者授权的用户都可以通过标准的公用应用接口来登录云存储系统，享受云存储提供的服务。访问层的构建一般都遵循友好化、简便化和实用化的原则。访问层的用户通常包括个人数据存储用户、企业数据存储用户和服务集成商等。目前商用云存储系统对于中小型用户具有较大的性价比优势，尤其适合处于快速发展阶段的中小型企业。而由于云存储运营单位的不同，云存储提供的访问类型和访问手段也不尽相同。

云存储拥有几个基本的特征：一是大容量，云存储的存储容量可达数百 PB；二是低成本，以 Google 为例，为了降低存储的采购和运维成本，它们的存储系统通常是自己"攒"的；三是灵活的扩展能力。云存储是存储技术的集大成者，虚拟化、数据压缩、重复数据删除、安全、基于策略的管理等都是云存储应该具备的能力。

云时代的存储系统需要的不仅仅是容量的提升，用户数量级的增加使得存储系统也必须在吞吐性能上有飞速的提升，只有这样才能对请求做出快速的反应，这就要求存储系统能够随着容量的增加而拥有线性增长的吞吐性能，这显然是传统的存储架构无法达成的目标。

目前，云存储的兴起正在颠覆传统的存储系统架构，其正以良好的可扩展性、性价比和容错性等优势得到业界的广泛认同。云存储系统具有良好的可扩展性、容错性，以及内部实现对用户透明等特性，这一切都离不开分布式文件系统的支撑。现有的云存储分布式文件系统包括 Google GFS、Hadoop HDFS、Ceph 等。

目前存在的数据库存储方案有 SQL、NoSQL 和 NewSQL。

SQL 是目前企业应用中最为成功的数据存储方案，仍有相当大一部分的企业把 SQL 数据库作为数据存储方案。关系数据库能够较好地保证事务的 ACID 特性，但在可扩展性、可用性等方面，表现出较大的不足，并且只能处理结构化的数据，面对数据的多样性、处理数据的实时性等方面，都不能满足大数据时代环境下数据处理的需要。使用较多的 SQL 产品有 IBM DB2、Oracle、MySQL、Microsoft SQL Server 等。

NoSQL 是为了解决 SQL 的不足而产生的。但它在设计时放松了事务的 ACID 特性。根据 CAP 定理，NoSQL 数据库不可能同时满足一致性、可用性和分区容错性 3 个特性。NoSQL 数据库在设计时经常会保证分区容错性，而牺牲一致性和可用性，因而 NoSQL 的应用范围也受到了很大的限制。如何构建具有高可扩展性、高可用性、高性能的同时还能保证 ACID 事务特性的数据库就成为了新的发展方向。现有的 NoSQL 数据库有很多,例如 HBase、Cassandra、MongoDB、CouchDB、Hypertable、Redis 等。

NewSQL 是为解决上述数据库存在的不足,顺应科技发展的产物。该类数据库要求,不仅要具有 NoSQL 对海量数据的存储管理能力,还要保持对传统数据库支持 ACID 和 SQL 等特性。目前 NewSQL 系统产品有 H-Store、VoltDB、NuoDB、TokuDB、MemSQL 等。

4.3.4 数据迁移

数据迁移是将很少使用或不用的文件移到辅助存储系统(如磁带或光盘)的存档过程。这些文件通常是需要在未来任何时间可进行方便访问的文档、影像或历史信息。迁移工作与备份策略相结合,并且仍要求定期备份。

数据迁移又称分级存储管理(Hierarchical Storage Management,HSM),是一种将离线存储与在线存储融合的技术。它将高速、高容量的非在线存储设备作为磁盘设备的下一级设备,然后将磁盘中常用的数据按指定的策略自动迁移到磁带库、光盘等二级大容量存储设备上。当需要使用这些数据时,分级存储系统会自动将这些数据从下一级存储设备调回到上一级磁盘上。对于用户来说,上述数据迁移操作完全是透明的,只是在访问的速度上略微缓慢,而在逻辑磁盘的容量上明显感觉大大提高了。

数据迁移的实现可以分为 3 个阶段:数据迁移前的准备、数据迁移的实施和数据迁移后的校验。

1. 迁移前的准备工作

由于数据迁移的特点,大量的工作都需要在准备阶段完成,充分而周到的准备工作是完成数据迁移的主要基础。具体而言,要进行待迁移数据源的详细说明,包括数据的存储方式、数据量、数据的时间跨度等;建立新旧系统数据库的数据字典;对旧系统的历史数据进行质量分析,新旧系统数据结构的差异分析;新旧系统代码数据的差异分析;建立新老系统数据库表的映射关系,对无法映射字段的处理方法;开发、部属 ETL 工具,编写数据转换的测试计划和校验程序;制定数据转换的应急措施。

2. 迁移的实施

数据迁移的实施是实现数据迁移的 3 个阶段中最重要的环节。它要求制定数据转换的详细实施步骤流程;准备数据迁移环境;业务上的准备,结束未处理完的业务事项,或将其告一段落;对数据迁移涉及的技术都进行测试;最后实施数据迁移。

数据迁移的过程大致可以分为抽取、转换、装载 3 个步骤。数据抽取、转换是根据新旧系统数据库的映射关系进行的,而数据差异分析是建立映射关系的前提,其中还包括对代码数据的差异分析。转换步骤一般还要包含数据清洗的过程,数据清洗主要是针对源数据库中对出现二义性、重复、不完整、违反业务或逻辑规则等问题的数据进行相应的清洗操作;在清洗之前需要进行数据质量分析,以找出存在问题的数据,否则数据清洗将无从谈起。数据装载是通过装载工具或自行编写的程序将抽取、转换后的结果数据加载到目标数据库中。

数据迁移工具的开发、部署主要有两种选择,即自主开发程序或购买成熟的产品。这两种选择都有各自不同的特点,选择时还要根据具体情况进行分析。一些大型项目在数据迁移时多采用相对成熟的 ETL 产品。这些项目有一些共同特点,主要包括:迁移时有大量的历史数据、允许的宕机时间很短、面对大量的客户或用户、存在第三方系统接入、一旦失败所产生的影响面将很广。同时由于大数据时代,数据的种类及格式也越来越复杂,因此,自主开发程序也越来越广泛地被采用。

3. 迁移后的校验

在数据迁移完成后,需要对迁移后的数据进行校验。数据迁移后的校验是对迁移质量的检查,同时数据校验的结果也是判断新系统能否正式启用的重要依据。

可以通过以下两种方式对迁移后的数据进行校验:新旧系统查询数据对比检查,通过新旧系统各自的查询工具,对相同指标的数据进行查询,并比较最终的查询结果。先将新系统的数据恢复到旧系统迁移前一天的状态,然后将最后一天发生在旧系统上的业务全部补录到新系统,检查有无异常,并和旧系统比较最终产生的结果。

对迁移后的数据进行质量分析,可以通过数据质量检查工具或编写有针对性的检查程序进行。对迁移后数据的校验有别于迁移前历史数据的质量分析,主要是检查指标的不同。

迁移后数据校验的指标主要包括以下 5 方面。

(1)完整性检查:引用的外键是否存在。

(2)一致性检查:相同含义的数据在不同位置的值是否一致。

(3)总分平衡检查:例如税务指标的总和与分部门、分户不同数据的合计对比。

(4)记录条数检查:检查新旧数据库对应的记录条数是否一致。

(5)特殊样本数据的检查:检查同一样本在新旧数据库中是否一致。

4. 数据迁移的要点

数据迁移的全过程,重点要保障迁移的完整性和一致性,最好能够实现对用户透明的一体化迁移,即前述的 3 个过程,终端用户需要参与的程度可以降到最低。迁移过程可以一气呵成，迁移前后对数据的访问都没有影响。此外，还需考虑数据迁移的速度和性能，能够在尽量短的时间完成，从而对业务造成的影响也减至最低。还要保障迁移的稳定性和安全性，在迁移过程中不能出现故障和中断，否则要对迁移过程进行恢复，不然会有很多意想不到的情况发生。

5. 数据的物理迁移

在数据的运行维护过程中，可能涉及更换服务器，或者需要快速搭建测试环境的情况，这时，最简单、快速的办法就是将源数据相关的文件复制到目标主机，然后对目标主机进行配置，以实现跟源主机一样的环境和效果，这就是数据的物理迁移过程。

对于文件数据的物理迁移，在保障服务器环境及配置一致的情况下，主要涉及文件的复制、一些适当的配置、检查前后数据的完整性及一致性，以及访问的一致性。

数据库的物理迁移要相对复杂一些，首先要求迁移的新旧主机数据库软件版本相同。在目标服务器上先安装相同版本的数据库软件，只需要安装数据库软件，不需要创建数据库实例，若目标服务器上已有实例也没关系，可以迁移为不同实例，两个实例并存，互不影响。

第二步需要将源服务器上的数据文件复制至目标服务器。首先需要停止源数据库服务器的数据库实例，停止数据库实例是为了保证数据库的一致性。实例停止后，将源服务器中的数据库相关文件(配置文件、控制文件和数据文件等)复制至目标服务器对应的目录中，需要保证源数据库服务器和目标服务器该文件路径相同。数据库的备份文件和归档日志可以不用复制，不影响迁移后的数据库的启动和运行，数据库会在新库上创建新的归档日志文件。

如果迁移的目标数据库文件路径与源数据库的路径不同,还需要修改目标数据库对应的控制文件。

迁移完成后,启动目标数据库,进行迁移后的校验及检查。如果没有问题,物理迁移就顺利完成了。

4.3.5 数据复制

数据复制简单来说是将一组数据从一个数据源移到一个或多个数据源的技术。数据复制的目的有多方面,总体来说,它可以使数据在地理位置上更接近用户,从而降低访问延迟。另外当部分组件出现故障时,系统依然可以继续工作,从而提高可用性和健壮性。对于服务和应用,数据复制至多台机器,可以同时提供数据访问服务,从而提高读吞吐量。

1. 数据复制的应用场景

数据复制可以应用在数据及服务的容灾/灾备场景。如果数据或者对应的数据服务只有一份,或是只运行在一台主机上,那么任何故障或破坏都能造成数据的损失和服务中断或宕机。通过数据复制,可以保障数据及服务的安全性和可用性。数据复制也可应用在前述的数据迁移场景,可以提供实时迁移、备份迁移、实时同步等功能。

数据复制也可以起到数据缓存的作用,当用户在地理位置上的分布比较广时,如面向全球用户的视频服务,通过数据复制,可以根据用户的地理位置,选择离用户最近的数据副本来服务用户,达到降低延迟、提高服务质量和服务满意度的效果。

另外,在多节点集群或分布式多服务器的应用场景下,数据复制到多个节点,可以同时提供数据访问服务,提高数据访问的吞吐量。

2. 数据复制的方法

数据复制按其复制的方法可以分为主从复制、多主节点复制和无主节点复制。

1）主从复制

指定某一个副本为主节点，其他节点则全部称为从节点。当客户写数据库时，必须将写请求发送给主节点，主节点首先将新数据写入本地存储，然后将数据更改作为复制的日志或更改流发送给所有的从节点。每个从节点收到更改日志或更改流之后，将更改应用到本地，且严格保持与主节点相同的写入顺序，来完成复制。

在主从复制的模式下，按其同步方式，还可分为同步复制和异步复制的方式。

（1）同步复制：主节点需要等待，直到从节点确认完成写入，才会完成同步确认。

（2）异步复制：主节点发送完消息后立即返回，不用等待从节点的完成确认。

还有半同步的方式，即其中某个从节点需要完成同步确认，而其他节点则是异步的。如果同步的从节点变得不可用或性能下降，则将另一个异步的从节点提升为同步模式，这样可以保证至少有两个节点，即主节点和一个同步从节点拥有最新的数据副本。

2）多主节点复制

系统有多个主节点，每个都可以接收写请求，客户端将写请求发送到其中的一个主节点上，由该主节点负责将数据更改事件同步到其他主节点和自己的从节点。多主节点复制有一个很大的缺点，不同的主节点可能会同时修改相同的数据，因而必须解决潜在的写冲突。

3）无主节点复制

客户端将写请求发送到多个节点上，超过半数节点写入即为成功，读取时从多个节点上并行读取，以此检测和纠正某些过期数据。

3. 数据复制的技术

按照数据复制所采用技术的不同，可以分为以下 5 类。在实际的应用场景中，并不能说哪类技术就一定优于另一类技术，企业需要选择适合自身业务场景的技术路线。

1）基于主机的数据复制技术

基于主机的数据复制，一种是通过磁盘卷的镜像或复制进行的，业务进行在主机的卷管理器层，对硬件设备尤其是存储设备的限制小，利用生产中心和备份中心的主机系统建立数据传输通道，数据传输可靠，效率相对较高；也可以通过主机数据管理软件实现数据的远程复制，当主数据中心的数据遭到破坏时，可以随时从备份中心恢复应用或从备份中心恢复数据。

2）基于应用和中间层的数据复制技术

通过应用程序和平台中间层与主备中心的数据库进行同步或异步的写操作，以保证主备中心数据的一致性，独立于底层的操作系统、数据库和存储。灾备中心可以和生产中心同时正常运行，既能容灾，还可实现部分功能分担。

该技术的实现方式复杂，与应用软件业务逻辑直接关联，实现和维护难度较高，使用应用层面的数据复制还会提高系统的风险与数据丢失的风险。

3）基于数据库的数据复制技术

基于数据库软件的复制技术包括逻辑复制和物理复制两种方式。

逻辑复制是利用数据库的 Redo 日志、归档日志，将主数据库所在节点的日志传输到副本所在节点,通过 Redo SQL 的方式实现数据复制。逻辑复制只提供异步复制、主副本数据的最终一致性,无法保证实时一致性。

物理复制不是基于 SQL Apply 操作来完成复制的,而是通过 Redo 日志或者归档日志在副本节点的同步或者异步持久化写来实现复制功能,同时副本节点的数据可以提供只读功能。

开放平台数据库复制技术则是一种基于数据库日志的结构化数据复制技术,它通过解析源数据库在线日志或归档日志获得数据的增、删、改变化,再将这些变化应用到目标数据库,使源数据库与目标数据库同步,以达到多站点间数据库可双活甚至多活,实现业务连续可用和容灾的目的。

4) 基于存储系统网关的数据复制技术

存储网关位于服务器与存储设备之间,是构架在 SAN 网络上的专用存储服务技术。这项技术基于存储虚拟化技术。

存储虚拟化的直接定义:在存储设备中形成的存储资源透明抽象层,即存储虚拟化是服务器与存储设备间的一个抽象层,它是物理存储的逻辑表示方法。其主要目的就是要把物理存储介质抽象为逻辑存储空间,将分散繁杂的异构存储管理整合为统一简单的集中存储管理。

存储网关通过对于进入的 I/O 数据流提供各类数据存储服务,大幅提升了在服务器或者存储层面难以达到的灵活性、多样性、异构化等多种存储服务能力。利用存储网关,对于后端的存储数据可以提供远程数据复制、异构化存储融合、存储设备高可用镜像、快照服务、数据迁移服务,甚至于部分存储网关可以提供精准的持续数据保护、连续数据恢复服务。

由于存储网关卸载了服务器和阵列的复制工作负载,它可以跨越大量的服务器平台和存储阵列运行,因而使它成为高度异构的环境下的容灾技术的理想选择。另外,由于带宽优化、数据恢复精细化等方面独有的优势,这项技术也成为比较主流的一种灾备技术。

5)基于存储介质的数据复制

通过存储系统内建的固件或操作系统、IP网络或光纤通道等传输介质联结,将数据以同步或异步的方式复制到远端,从而实现生产数据的灾难保护。

采用基于存储介质的数据复制技术对网络连接及硬件的要求较高,配备低延迟大带宽也是必要条件之一。基于存储的复制可以是"一对一"的复制方式,也可以是"一对多或多对一"的复制方式,即一个存储的数据复制到多个远程存储或多个存储的数据复制到同一远程存储,而且复制可以是双向的。

4.4　数据交换和共享

在大数据时代,数据的多源、多结构是常态,数据来自不同的信息来源,数据的结构也是多种多样的。这些多源数据只有经过交换、共享、融合,才能被充分开发和利用。而只有打破数据封闭和行业分割,消除信息"荒岛"和"孤岛",让数据和服务能够互联互通,才能让数据有效地流通,才能创造价值。因此数据的交换及共享是数据全生命周期中发挥价值的关键一环。如在政务"一网通办"的场景下,任何一个政务事务的处理,都涉及多个管理部门的业务协同,以及多个数据在不同部门之间的流转,才能最终完成一个事务的办结。在企业的供应链管理,以及产业链协同场景下,也涉及货品、零件、仓单、物流等各种数据的共享和流转。在医疗人工智能领域,则需要把不同医院、不同科室的数据进行整合,经过算法的加工和处理,才能发现其中隐藏的价值和规律。离开数据的交换和共享,这些场景都无法实现。

4.4.1 数据交换和共享概述

数据交换和共享是指为了满足不同信息系统之间数据资源的共享需要,依据一定的原则,采取相应的技术,实现不同信息系统之间数据资源交换共享的过程。数据交换和共享会发生在不同主体之间,如政府、企业或机构内部部门之间的数据交换和共享,机构及企业之间的数据交换和共享,政府或企业面向公众的数据开放与共享,个人面向服务提供商的数据共享等。

数据的交换和共享可以使更多的人充分地利用已有数据资源,发挥其价值,减少资料收集、数据采集等重复劳动和相应费用,而把精力重点放在开发新的应用程序及商业价值上。这样可以带来诸多好处,如降低成本、增强业务能力、提高效率、集中访问数据、减少重复数据集、促进参与方沟通与合作、充分发挥数据价值等。

另外,数据开放和共享的程度也反映了一个国家、一个地区的信息发展水平。世界各国都在践行政府数据开放,用以提升政府治理水平和科技发展水平,同时鼓励科技创新和数据创新,发挥大数据的价值。

要实现数据共享,首先需要在各行业内建立各自的数据标准,形成行业统一的数据标准,规范数据格式,同时也规范数据交换的标准和格式。其次,要建立相应的数据使用管理办法,制定出相应的数据版权保护、产权保护规范,参与方之间需要签订数据使用协议,这样才能打破部门之间、机构之间、地区之间的壁垒和保护主义,实现真正的信息共享。

数据交换需要让数据从一个系统跨授权边界访问或传递到另一个系统,因此需要界定和协调各参与方的责、权、利,也即需要使用一个或多个协议来指定每一方的责任、要访问或交换的数据类型、如何进行数据交换、如何使用交换来的数据,以及在交换系统的两端处理、存储或传输数据时如何保证数据安全,最后如何进行利润和价值分配等各种事项。

在商业公司间的数据交换和合作情形下,很多时候,两个公司之间数据的整合只对其中一方的业务有帮助,或者对双方的业务帮助价值不对等,如社交媒体的信息对于商品销售公司的价值更大。因此,购买大数据的可能性远大于简单数据交换或数据互通。在这种情形下,就需要采用后续介绍的数据交易手段去处理。

4.4.2　数据交换和共享的原则

要顺利地进行数据的交换和共享,保障整个过程的安全、高效及效果,需要遵循以下几个原则。

1. 明确数据的权属

要确定和界定数据的权属,能够保障数据权属方的权益,解决他们的顾虑。

2. 注重数据质量和数据可信度

只有注重数据质量和数据本身的完整性、准确性,才能保障数据加工、利用的真实有效,否则很可能得到错误的分析结果,做出错误的判断和决策,这对于企业的发展是致命的。数据质量和数据可信度就是大数据时代政府和企业的生命线。

3. 保障过程的可追溯性

对数据共享的提供和使用过程要全程可追溯,明确责任,排除纠纷。如果数据被非法使用或者产生了隐私安全问题,可以追溯到问题出在哪个环节上、该由哪一方来负责,这样在数据使用过程中,可以确认权责,建立出权责匹配的追责体系。

4. 保障数据的安全和隐私

数据的交换和共享是为了充分发挥数据融合的价值。但其前提是要保障数据的安全和隐私,需要对其进行控制和管理,防止发生数据的丢失、泄露和被窃取、伤害用户的隐私。因此,企业在数据整合过程中应以数据安全管理为前提,需要与上下游企业以及安全管理机构、评测机构等第三方机构开展广泛合作,从企业管理制度、流程和技术手段等多方面协作确保大数据生态圈的数据信息安全。

4.4.3　数据交换和共享的方式

数据交换和共享可以采取多种方式,常见的方法有以下几种,但不论采取何种方式,都需要制定相应的数据标准以及数据交换的协议。

1. 电子或数字文件传输

数据可以通过电子或数字文件传输进行交换,通过文件传输或者通信协议在两个系统之间传输文件及数据。各参与的机构需要考虑使用不同文件传输协议带来的相关安全风险。

2. 便携式存储设备

在一些数据交换场景下,可以使用便携式存储设备来交换数据,例如可移动磁盘、光盘或通用串行总线(USB)等。机构需要考虑这种方式对被传输数据的影响级别,以及目的系统的影响级别,以确保所交换的数据采取了足够的安全措施。

3. 电子邮件

可以通过电子邮件以附件的形式共享数据。参与机构需要考虑电子邮件的基础设施以及相应的安全机制，以确保所交换的数据的安全。

4. 数据库

采用数据库共享或数据库事务信息交换的方式，机构需要考虑的是所提供的数据访问的可行性及安全性，以减少重复数据集以及数据机密性和完整性损失的风险。

5. 文件共享服务

文件共享服务包括但不限于通过基于 Web 的文件共享，或是存储共享服务（如 DropBox、Google Drive、Microsoft OneDrive 等一些云存储服务）。

4.4.4　数据融合

数据融合是把不同来源、格式、特点、性质的数据在逻辑上或物理上有机地集成和融合，从而提供更全面的数据共享及加工处理。比较有代表的是在企业数据集成领域，已经有了很多成熟的框架可以利用。目前通常采用联邦式、基于中间件模型和数据仓库等方法来构造集成的系统，这些技术在不同的着重点和应用上解决数据共享和为企业提供决策支持。

随着大数据时代的来临，数据的采集、存储、处理和传播的数量也与日俱增。企业实现数据共享，可以使更多的人更充分地使用已有数据资源，减少资料收集、数据采集等重复劳动和相应费用。但是，在实施数据共享的过程中，由于不同用户提供的数据可能来自不同的途径,其数据内容、数据格式和数据质量千差万别,有时甚至会遇到数据格式不能转换或数据转换格式后丢失信息等棘手问题,严重阻碍了数据在各部门和各软件系统中的流动与共享。因此,如何对数据进行有效的集成管理已成为增强企业商业竞争力的必然选择。

在政府、企业及机构中,由于开发时间或开发部门的不同,往往有多个异构的、运行在不同的软硬件平台上的信息系统同时运行,这些系统的数据源彼此独立、相互封闭,使得数据难以在系统之间交流、共享和融合,从而形成了"信息孤岛"。随着信息化应用的不断深入,内部及外部信息交互的需求日益强烈,急切需要对已有的信息进行整合,连通"信息孤岛",共享信息。数据融合通过部门及应用之间的数据交换和集成达到融合的目的,主要解决数据的分布性和异构性问题。

科技和经济的发展同样促进了企业及机构之间的数据交换及融合,以及基于数据的商业协作。由于数据的不确定性和变动性,以及集成与融合系统在实现技术和物理数据上的紧耦合关系,数据融合需要关注技术与应用需求的分离,以及建立各种数据源的标准和格式,进行及时发布和更新等问题。

4.5　数据处理

数据处理的涵盖面非常广泛,几乎所有对数据的加工、转换、计算、编辑的过程都可以归入数据处理的范畴。在数据采集的过程中,就需要对数据进行一定的预处理和加工,包括清洗、标注、转换等。采集之后的数据,还需要进行集成及融合,这个过程也是数据处理的过程。当把数据存储在一定的存储介质和系统中之后,才正式地进入了数据加工和利用的阶段。狭义的数据处理一般是指这个阶段的数据处理。

4.5.1　数据处理过程

数据的处理过程大体上可以分为 3 个阶段,即数据准备、数据的计算和分析以及数据解释和应用。

数据处理的第一个步骤是数据准备。

数据准备包括数据的抽取、转换与集成。这是因为处理的数据来源类型丰富,首先对数据进行抽取,从中提取出关系和实体,经过关联和聚合等操作,按照统一定义的格式对数据进行集成和融合。

数据处理的第二个步骤是数据的计算和分析。

数据的计算和分析是数据处理流程的核心步骤,通过数据抽取和集成环节,已经从异构的数据源中获得了用于数据处理的初始数据,用户可以根据自己的需求,采用不同的技术和方法对这些数据进行分析处理,如数据挖掘、机器学习、数据统计等。数据分析可以用于决策支持、商业智能、推荐系统、预测系统等。通过数据分析能够掌握数据中的信息。

数据处理的第三个步骤是数据解释和应用。

数据处理的流程中用户最关心的是数据处理的结果,正确的数据处理结果只有通过合适的展示方式才能被终端用户正确理解,因此数据处理结果的展示非常重要,可视化和人机交互是数据解释的主要技术。

数据可视化是指将数据分析处理的结果以计算机图形或图像的方式直观呈现给用户的过程,并可与用户进行交互式处理。人机交互技术可以引导用户对数据和结果进行深入的互动,使用户参与到数据分析的过程和结果的呈现细节中,使用户可以深刻地理解数据分析的结果。

数据应用是指将经过分析处理后挖掘得到的大数据结果应用于管理决策、战略规划等的过程,它是对大数据分析结果的检验与验证,大数据应用过程直接体现了大数据分析处理结果的价值性和可用性。

4.5.2　数据处理方法

在大数据时代,数据处理除了常规的查询、检索、统计、分析外,为了挖掘出数据中隐藏的信息和价值,还需要进行数据挖掘、机器学习、深度学习、人工智能处理等深层次的分析和处理。

数据挖掘是指从大量数据中揭示出隐含的、先前未知的并有潜在价值的信息的过程。数据挖掘是一种决策支持过程,它主要基于人工智能、机器学习、模式识别、统计学、数据库、可视化技术等,高度自动化地分析数据,做出归纳性的推理,从中挖掘出潜在的模式,帮助决策者做出正确的决策。数据挖掘领域已经有了较长时间的发展,但随着研究的不断深入、应用的愈发广泛,数据挖掘的关注焦点也逐渐有了新的变化。其总的趋势是数据挖掘研究和应用更加"大数据化"和"社会化"。也就是说,数据的来源更加广泛,包括移动终端及应用、互联网应用及服务、物联网设备、工业及医疗仪器等。另外,数据的种类更加多种多样,如文本、图像、视频、电子信号、各种网络媒体格式等。随着社交网络的普及,对于用户个性化、用户交互等方面的分析和推荐的需求也与日俱增。针对社交网络数据环境和被社交关系组织起来的用户群体的服务及应用,也是数据挖掘面临的机遇与挑战。

机器学习的主要任务是指导计算机从数据中学习,然后利用经验来改善自身的性能,不需要进行明确的编程。在机器学习中,算法会不断进行训练,从大型数据集中发现模式和相关性,然后根据数据分析结果做出最佳决策和预测。机器学习应用具有自我演进能力，它们获得的数据越多，准确性会越高。机器学习包含多种使用不同算法的学习模型。根据数据的性质和期望的结果，可以将学习模型分成 4 种，分别是监督学习、无监督学习、半监督学习和强化学习。而根据使用的数据集和预期结果，每一种模型可以应用一种或多种算法。机器学习算法主要用于对事物进行分类、发现模式、预测结果，以及制定明智的决策。

深度学习是机器学习研究中的一个新的领域。它用于建立模拟人脑进行分析学习的神经网络，模仿人脑机制来解释一些特定类别的数据，例如图像、语音和文本。它是无监督学习的一种。深度学习的主要思想是增加神经网络中隐含层的数量，使用大量的隐含层来增强神经网络对特征筛选的能力，以增加网络层数的方式来取代之前依赖人工技巧的参数调优，从而能够用较少的参数表达出复杂的模型函数，从而逼近机器学习的终极目标——知识的自动发现。近年来在语音识别、文字与图像识别、人脸识别、人工智能推理与发现等领域发挥了巨大的作用。

机器学习及其分支深度学习都属于人工智能。人工智能是基于数据处理来做出决策和预测。借助机器学习算法，人工智能不仅能处理数据，还能在不需要任何额外编程的情况下，利用这些数据进行学习，变得更智能。人工智能下面的第一个子集是机器学习，深度学习则是机器学习的一个分支。

4.5.3　数据处理模式

面向大数据处理的数据查询、统计、分析、挖掘等计算需求，促生了大数据计算的不同计算模式，整体上把大数据计算分为离线批处理计算、交互式计算和实时计算 3 种。

批处理计算就是对数据进行批量化的处理。一般处理的数据量非常大，对计算结果的反馈的实时性要求不高，可以花费较长的时间来完成数据的计算和处理,可以以小时、天,甚至更长的时间来计,最后反馈结果给用户。在大数据领域,批处理计算的典型代表性平台是 Hadoop 平台。

交互式计算一般情形下主要是指交互式查询服务,是存储的数据对象对外提供服务的过程。对计算过程和响应时间有一定的要求,一般是在分钟级以下。用户对计算服务或查询服务提出请求,然后在相对短的时间内,服务能够做出响应,返回用户计算或查询结果。在系统的实现上,可以采取不同的数据库服务:一是全内存查询,其直接提供数据读取服务,定期转存数据到磁盘或者数据库,进行持久化;二是半内存查询,主要有 Redis、MongoDB 等内存数据库提供数据实时查询服务,由这些系统进行持久化操作;三是全磁盘查询,使用 HBase 等数据库。

实时计算最重要的一个需求是能够实时响应计算结果,一般要求为秒级。主要有以下两种应用场景:一种是数据源是实时的、不间断的,同时要求对用户请求的响应时间也是实时的;另一种是数据量大,无法进行预算,但要求对用户请求实时响应。

实时计算的过程一般可以分为 3 个阶段:数据的产生与采集、数据的实时计算和实时查询服务。

数据的实时采集阶段要保证可以完全地采集到所有的日志数据,为实时应用提供实时数据。响应的时间也要保证实时性,系统配置简单、部署容易、可靠稳定。

数据的实时计算包括数据的传输与分析计算。在流数据不断变化的运动过程中实时地进行分析,捕捉到可能对用户有用的信息,并把结果发送出去。整个过程中,数据分析处理系统是主动的,而用户却处于被动接收的状态。数据的实时计算框架需要能够适应流式数据的处理,可以进行不间断的查询,同时要求系统稳定可靠,具有较强的可扩展性和可维护性,实时计算的代表性平台有 Spark Streaming、Flink 等。

4.5.4　数据标注

1. 数据标注是什么

数据标注就是对所抓取、收集的数据，包括文本、图片、语音等，进行整理与标注，给数据打上标签，做上标记，方便机器和算法进行学习和识别。

2. 为什么进行数据标注

数据标注可以对一张图片标注其中的对象、物体，如山、河流、树、背景等；对一段文字标注其主语、谓语、宾语，以及标注一些特定的名词等。标注的目的是帮助人工智能、机器学习等算法，能够识别出这些特定的部分及对象，这样在未来碰到类似的情形时，不需要标注就可以自动识别出来。这相当于用人工的办法，帮助机器和算法来学习特定的知识，识别特定的对象及目标。在前面的图片示例中，如果标注了成千上万张图片中的对象，机器学习了相应的识别方法之后，碰到一张全新的图片，就能够自动识别出其中所有的对象。

近年来，随着数据量的剧增，以及人工智能算法的发展，无监督学习算法以及深度学习算法可以模拟人类大脑的认知及学习的方法，在没有数据标注的前提下，也能够自动分离和识别出各种对象和物体。在很多情形下，都不再需要数据标注了。数据标注适用的场景包括机器翻译、图像识别、人脸识别，以及自动驾驶等。

3. 数据标注的类型有哪些

目前常见的数据标注的类型有图像标注、语音标注、文本标注、视频标注等很多种类，数据标注的基本数据类型包括文本、图片、视频、语音、数值型数据。其中,文本标注根据文本长度可以分为短文本标注、篇章文本标注,应用于舆情监测、垃圾短信分类等领域。视频标注的数据主要应用于视频监控、人脸识别、自动驾驶等领域。其他的类型也有对应的应用场景。

根据具体的标注方式,数据标注又可以分为以下类型。

(1)分类标注。分类标注就是常说的打标签。一般是从既定的标签集中选择数据对应的标签。如对一张包含车的图打标签:轿车、越野车、面包车、货车等。对于文字,可以标注主语、谓语、宾语、名词、动词等。

这种类型适用于文本、图像、语音、视频等,适用的应用场景有年龄识别、情绪识别、性别识别等。

(2)标框标注。机器视觉中的标框标注,就是框选要检测的对象。如在人脸识别中,要先把人脸的位置用边框来确定下来。

这种类型适用于图像、视频,适用的应用场景有人脸识别、物品识别。

(3)区域标注。相比于标框标注,区域标注要求更加精确,边缘可以是曲线的、柔性的,如自动驾驶中的道路识别。

(4)描点标注。一些对于特征要求细致的应用中常常需要描点标注,如人脸识别、骨骼识别等。

(5)其他标注。除了上面几种常见的标注类型外,还有很多定制和个性化的标注,根据不同的需求需要不同的标注方式。如自动摘要生成,就需要标注文章的主要观点,这时候的标注严格上就不属于上面的任何一种。

4.5.5 数据转换

1. 什么是数据转换

数据转换简单来说是将数据从一种表示形式转换为另外一种

表示形式。数据转换常见的内容包括数据类型转换、数据语义转换、数据值域转换、数据粒度转换、表/数据拆分、行列转换、数据离散化、数据标准化、提炼新字段、属性构造、数据压缩等。

2. 为何进行数据转换

数据转换对于数据集成和数据管理等活动至关重要。如在数据采集过程中,需要使用 ETL 工具将分布的、异构数据源中的不同种类和结构的数据抽取到临时中间层后进行清洗、转换、分类、集成,最后加载到对应的数据存储系统,如数据仓库或数据集市中,成为联机分析处理(OLAP)、数据挖掘的基础。

又如企业的日志数据管理,企业每天都会产生大量的日志数据,对这些日志数据的处理需要特定的日志系统。因为与传统的数据相比,大数据的体量巨大,产生速度非常快,对数据的预处理需要实时快速,因此在 ETL 的架构和工具选择上,需要采用分布式内存数据、实时流处理系统等现代信息技术。

数据转换是在这个过程中,将数据转换为适合加载到这些数据存储系统中的格式。另外,在数据存储系统或数据库升级时,也需要进行数据格式的转换。在更换不同的存储介质、使用不同的数据存储方式时,也都需要进行数据转换。

3. 如何进行数据转换

数据转换通常使用前面提到的 ETL 工具,或是转换脚本和程序来进行。ETL 工具可以通过自动化流程来完成,比脚本化的转换要更加便捷和安全。其基本过程是先抽取原始数据,然后执行相应的数据转换过程,最后将转换的结果再加载到数据存储系统中。如果涉及多个数据源,那么就需要从多个地方抽取,然后对数据还需要进行一定的融合和集成处理,在此过程中进行必要的数据转换,最后再将结果数据进行加载和存储。

4. 数据转换注意要点

数据转换需要做好充分的转换过程的准备，对方案需要专业人员和操作人员进行仔细的审核。对于抽取、转换、加载整个过程及格式要格外关注，对于运行 ETL 工具的基础设施和环境要做好准备和检查。对于转换过程的运行要保障安全稳定，不能出现突发故障，中断过程的执行。

对于数据转换的具体格式、类型、打包、解包等，则需要专业上的关注，要保障前后的一致性，不能发生丢失、损坏、精度损失、数据溢出、不可逆操作等。当然，在特定场景下，也会出现前后格式不兼容或者不可逆的情形，但一定要做好评估。

4.6 数据擦除

4.6.1 什么是数据擦除

当数据不再被使用，或者计算机或设备在弃置、转售或捐赠前必须将其所有数据彻底删除，并无法复原，以免造成信息泄露，尤其是国家或商业涉密数据。这个过程称为数据擦除，也称为数据销毁。数据擦除是数据生命周期管理的最后一个阶段。

4.6.2 数据擦除的必要性

很多政府机关、企业，按照法律规范或是商业规则，必须确保数据的机密性。因此需要采取各种管理、策略、物理及技术方法来达到数据完全销毁的目的，否则将承担数据丢失、泄露或是被窃取的法律责任及商业风险。

4.6.3　认证擦除

认证擦除指擦除策略、方法及过程符合国家或行业所制定的安全和认证的数据擦除标准。在擦除过程中,经由安全认证机构,采取经过认证的方法和工具,对整个过程和结果进行监督、检查和检测,确认符合所有的擦除规范和标准。

4.7　数据质量管理

数据质量可以定义为数据的"适用性",也就是数据是否满足应用的需求。满足的程度越高,说明数据质量越高。数据质量是开发数据产品、提供数据服务、发挥大数据价值的必要前提,是数据治理的关键因素。数据质量一般需要满足准确性、完整性、一致性、及时性、合法性等多个维度。所谓准确性,就是数据必须真实、准确地反映所发生的业务;完整性是指数据是充分的,任何相关的数据都没有被遗漏;一致性是指数据之间是相关的,有一定的相互约束,数据在不同场景下这种相互关联性都需要一致;及时性是数据需要及时更新,不能是过期的;合法性是指数据需要合理、合法地获取和使用。

4.7.1　数据质量管理过程

数据质量管理的过程包括规则制定、问题发现、质量剖析、数据清理、评估验证、持续监控等环节,同时还需结合实践进行定制和优化。首先根据数据标准制定数据质量校验的业务和技术规则,以及对应的数据质量问题发现及管理;然后按照数据质量维度对抽样或全局数据进行剖析，并结合评估验证进行数据清理；最后通过数据质量持续监控，以数据质量报告的形式汇报并反映数据质量的状况及问题。整个过程只有形成常态化持续化的闭环，才能持续改进数据质量。数据全过程质量管理框架以改进数据质量为目标，确保数据的准确性、完整性、一致性和及时性。

数据质量管理首先需要从管理和机制上着手，建立合理的数据管理机构，制定数据质量管理机制，落实人员执行责任，保障组织间高效的沟通，持续监控数据应用过程，加上强有力的督促才能保障高效优质的数据质量管理。

数据质量如果得不到保障，将会对业务目标的完成造成很大的影响。数据质量管理人员必须找到并使用数据质量指标，报告数据缺陷与受影响业务目标之间的关系。定义数据质量指标的过程中存在着挑战，识别并管理业务相关的数据质量指标，可以与监控业务活动绩效相类比，数据质量指标应该合理地反映数据质量情况，为数据质量管理提供量化依据。在定义数据质量指标的过程中，需要充分考虑可度量性、业务相关性、可接受程度、可控性、可追踪性等特性，并与数据认责制度充分结合。首先需要分析业务影响，并评估相关的数据元素以及数据生命周期流程；其次针对每个数据元素，列出与之相关的数据需求，并定义数据质量维度以及业务规则；最后针对业务规则，描述度量需求满足度的流程，并定义可接受程度的阈值。

数据质量问题是指数据不适合业务运行、管理与决策的程度。由于数据质量需求涉及的范围和影响程度不一，需要通过分析数据质量问题级别进行分类。较小的需求只需要对单系统数据项进行修改，处理方式相对简单；中间的需求是对业务口径、技术口径的确定；较大的需求则有大规模跨部门的系统级建设或改造需求，对其根源进行剖析甚至需要进行业务规则的调整。找到质量问题所在之后，对问题进行评估验证，并进行适当的数据清理，可以解决相应的质量问题,改善数据质量,之后进行持续的质量监控,这是整个数据质量的管理闭环过程。

4.7.2　数据标准

制定和维护数据标准对于数据管理至关重要。如果缺乏相应的标准,那么数据管理将无章可循,数据质量也将无从保证,数据的应用、交换和共享也会混乱无序。数据标准管理体系包括数据标准的规划、数据标准的实施,以及数据标准的相关支撑。数据标准的规划包括制定数据标准体系和实施线路图;数据标准的支撑部分主要是相关的组织架构、管理办法及制度。除此之外,还需要一些数据标准的管理工具。

数据标准的实施是相对比较关键的部分,它包括标准的制定、执行、维护和监控这几个过程。

(1)数据标准的制定:包括数据标准的编制、数据标准的审查和数据标准的发布。标准的制定需要依托一个数据标准化管理组织,该组织一般需要是一个行业性的组织,需要依托行业专家共同发起对标准的讨论、制定、修改和维护。当然也不排除制定小范围的企业内部的一些数据标准。

(2)数据标准的执行:指数据标准的落地实施和执行过程,并且对执行过程进行监控和检查,保证标准执行到位。

(3)数据标准的维护:依据行业、时代和技术的发展,对标准进行必要的修订。

(4)数据标准的监控:对标准的执行建立考核体系,并进行日常和实施落地的监控。

从数据标准化实践来说,企业需要梳理好核心的元数据、主数据,形成相应的规范化的数据框架和模型,然后做好执行、监控和维护。这整个标准化的管理流程本身也需要规范化。

数据的标准化一般会涉及数据的编码标准。编码是用于唯一区别一条数据记录的特殊标识。编码需要统一规划、统一编制,这样可以避免各企业或企业部门各自为政,对数据进行独立的编码,导致数据整合中发生不兼容、重码、冗余、冲突等各种问题。另一个是数据的分类标准,是用于将具有相同数据属性、管理要求和系统要求的数据进行分类分组的标准。通过这样的分类标准对数据进行专项化的着重管理,并为业务管理和分析提供基础参照。数据标准还涉及数据字段和属性的规范化,即规定每个数据字段内容的填写和检验的规范,保证所有数据在整个企业或行业范围内的规则统一。数据的交互流程和业务规则也需制定相应的标准。

4.8　数据安全

4.8.1　什么是数据安全

数据安全是指通过采取必要措施确保数据处于有效保护和合法利用的状态,以及具备保障持续安全状态的能力。数据安全应保证数据生产、存储、传输、访问、使用、销毁、公开等全过程的安全,并保证数据处理过程的保密性、完整性、可用性。

数据安全包含以下主要内容。

(1)数据权限控制,对用户的数据访问权限进行细粒度的控制管理。

(2)客户的隐私保护,采用加密等技术手段对涉及的隐私信息进行防护。

(3)隐私信息配置,提供隐私数据的配置服务,为隐私数据的转化服务提供识别依据。

（4）隐私信息转化，为数据治理相关环节提供隐私信息的去隐私化或还原服务。

（5）日志记录服务，对数据治理各环节所产生的日志记录进行收集和整理。

（6）应用权限控制，为用户的应用功能访问权限的控制管理提供服务。

数据安全关注数据治理过程中与数据相关的安全保障技术及相应的管理办法，包括数据权限控制、数据去隐私化、数据加解密、数据的访问记录等。数据安全为数据治理各环节提供安全保障机制及技术手段，重点关注数据治理过程中数据平台访问策略及数据资产环节的安全保障。

4.8.2　数据安全的重要性

数据安全的重要性是不言而喻的。安全和隐私是大数据时代所面临的最为严峻的挑战，在数据管理全过程中都需要持续保障数据的安全。根据 IDC 的调查，安全和隐私是用户首选关注的问题，政府和企业对安全问题尤其重视。首先，数据安全与网络安全密切相关，是国家主权、国家安全的重要组成部分。其次，数据安全也是信息安全的核心，保障数据安全可以保障数据不会发生"失、窃、泄"的危害，否则将会对各级信息系统、城市及行业安全、工作、生活、办公等造成严重危害。最后，对于个人数据、个人信息，也会造成用户信息及内容安全的危害。从用户隐私角度来说，当前无论是线上还是线下，用户的数据都被收集和记录，这些信息可能已经详细到令人很不舒服的程度。如果信息被泄露或被滥用，就会直接侵犯到用户的隐私，对用户造成恶劣的影响，甚至带来生命财产的损失。

4.8.3　数据安全的保障措施

为了确保和加强数据安全管理,可以通过制定并执行数据安全政策、策略和措施,为企业的数据和信息提供行之有效的认证、授权、访问和审计,同时还需要深化数据安全的技术防护措施。另外,还需制定敏感数据访问和隐私信息保护的管理措施与技术防护措施。

数据安全的保障措施需要从数据管理的以下方面来实施。

1. 数据传输

数据传输安全:数据加密。

2. 数据存储

• 存储设备访问控制:进行身份识别、权限控制、访问控制、操作审计。
• 数据安全防护:进行数据脱敏、数据加密。

3. 数据处理

数据安全防护:业务逻辑安全。

4. 数据封装

数据安全防护:数据最小化、数据脱敏、数据文件加水印。

5. 数据使用

• 接入安全控制:身份识别、权限控制、访问控制、操作日志。
• 数据安全防护:数据脱敏、数据加密、传输通道加密。

6. 数据平台

- 账号管理。
- 敏感行为的控制管理。
- 数据去隐私化。

4.8.4　数据分类

1. 数据分类概述

数据分类是把相同属性或特征的数据归集在一起,形成不同的类别,方便人们通过类别来对数据进行的查询、识别、管理、保护和使用。

不论是对数据进行编目、标准化,还是对数据进行确权、管理,或者是需要提供数据共享交换、交易服务,有效的数据分类都是首要任务。

数据分类更多是从业务角度或数据管理的角度出发的,例如行业维度、业务领域维度、数据来源维度、共享维度、数据开放维度等,根据这些维度,将具有相同属性或特征的数据按照一定的原则和方法进行归类。数据分级是根据数据的敏感程度和数据遭到篡改、破坏、泄露或非法利用后对受害者的影响程度,按照一定的原则和方法进行定义。数据分级更多是从安全合规性要求、数据保护要求的角度出发的,称它为数据敏感度分级更为贴切。数据分级本质上就是数据敏感维度的数据分类。

数据分级是与数据分类紧密相关的概念和操作。数据的定级都离不开数据的分类。在数据安全治理或数据资产管理领域,都是将数据的分类和分级放在一起做,统称为数据分类分级。

2. 数据分类分级的重要性

数据分类是数据管理的第一步,如果不对数据进行分类分级,就谈不上数据治理和数据保护,进行数据分类分级,才能清楚企业到底有哪些数据、哪些是敏感数据、它们如何存储、如何进行保护及共享等。除此之外,数据分类分级的重要性体现在以下几方面。

1) 数据查询、管理和保护

数据分类通过提供一定的原则和流程来识别和标记企业的数据,明确数据的位置,对其敏感度进行识别和定义,以支持对数据的查询、管理或实施保护。主要关注以下几方面。

(1) 企业存在哪些数据?

(2) 哪些是敏感数据?这些敏感数据位于何处?

(3) 数据对企业有哪些价值和风险?

(4) 谁可以访问、修改和删除这些数据?

(5) 谁是这些数据的管理者、拥有者或使用者?

(6) 如果数据泄露、销毁或不当更改,将对企业的业务产生什么影响?

2) 提高数据安全,满足合规要求

通过数据分类分级,方便企业对数据实施保护措施来降低数据的泄露风险,加强对数据隐私的保护,主要体现在以下几方面。

(1) 控制敏感数据的访问,从而使数据安全更有效。

(2) 了解不同类型数据的重要性,以便制定相应的保护措施和技术,例如数据加密、身份认证、访问控制、数据丢失防护(DLP)。

(3) 根据不同的监管或法规要求,妥善处理敏感数据,例如医疗信息、个人身份信息、信用卡/银行卡信息等。

(4) 有利于提高通过监管、合规性审计的机会。

（5）方便构建多套分类分级体系，有助于满足不同的合规性要求。

3）提升业务运营效率，降低业务风险

从数据的创建到销毁，数据分类分级可以帮助企业确保有效地管理、保护、存储和使用数据资产，赋能业务运营，提升运营效率，降低业务风险。

（1）更好地管理企业所有的数据资产，最大化共享和利用数据。

（2）支持在整个企业有效地访问和使用受保护的数据。

（3）帮助企业评估其数据的价值以及数据丢失、被盗、误用或泄露的影响，降低业务风险。

（4）帮助企业满足监管所需的合规性要求。

（5）优化数据管理成本，让有限的数据管理资源用在关键的数据上。

3. 数据分类的原则

数据分类需要遵循以下原则。

（1）现实性原则：类目所代表的事物必须是客观存在的。

（2）稳定性原则：类目的设置要考虑它在相当长一个时期内是稳定的。类目的稳定性是分类编码稳定的基础。

（3）持续性原则：保证分类编码标准的稳定性，设置类目时应以发展的眼光，有预见性地为某些新事物编列必要的类目。

（4）均衡性原则：分类表中类目应均衡展开，使分类类目长度不致相差悬殊，以方便使用。

（5）规范性原则：所使用的语词或短语能确切表达类目的实际内容范围，内涵、外延清楚。

（6）系统性原则：类目的层次划分、层次隶属要有严密的秩序，划分应有单一、明确的依据。

（7）明确性原则：同位类间应界限分明，非此即彼，这对分类标引和检索都是必要的。

4. 数据分类常见的方法

1）按照常见的数据分类维度进行分类

（1）按照数据类型分类可将数据分为结构化数据、半结构化数据、非结构化数据。

（2）按照数据产生环节可以分为外部接入数据、内部数据，包括本地自采数据、本地业务系统自产数据、本地衍生数据。

（3）按照存储角度分类，类似根据存储对象分类，可以分为关系数据、图片数据、视频数据、大数据平台。

（4）按照数据治理类型分类，这里是按照数仓的分层思想，划分为贴源层数据、明细层数据、中间层数据、服务层数据以及应用层数据，其中明细层、中间层、服务层又被称为"数仓层"。

2）按照国际 DAMA（数据资产管理协会）的数据分类

在《DAMA 数据管理知识体系指南》（DAMA-DMBOK）中，将数据分为元数据、参考数据、企业结构数据、交易结构数据、交易活动数据和交易审计数据。其中，将参考数据、企业结构数据和交易结构数据定义为主数据。

3）按照企业管理运行的数据类型进行分类

主要针对结构化数据，可以进一步划分为基础数据、主数据、事务数据、报告数据、观测数据和规则数据。

4）按照工作中的统计分析经验进行分类

根据工作中的统计分析经验，在关系数据库中，将数据粗略分为基础信息数据（表）、历史采集数据（表）、实时采集数据（表）、统计分析数据（表）等。

4.8.5　数据备份

1. 什么是数据备份

数据备份是保障数据安全和容灾的基础，是指为防止系统出现操作失误或系统故障导致数据丢失，而将全部或部分数据集合从应用主机的硬盘或阵列复制到其他存储介质的过程。

2. 为什么进行数据备份

会有各种意外的情况、故障、安全攻击等，对数据形成威胁，这些威胁一旦变为现实，不仅会毁坏数据，也会毁坏访问数据的系统。造成数据丢失和毁坏的原因主要有如下几方面。

（1）数据处理和访问软件平台故障。

（2）操作系统的设计漏洞或设计者出于不可告人的目的而人为预置的"后门"。

（3）系统的硬件故障。

（4）人为的操作失误。

（5）网络内非法访问者的恶意破坏。

（6）网络供电系统故障等。

计算机系统里面重要的数据、档案或历史纪录都是至关重要的，一旦丢失或破坏，都会造成不可估量的损失，轻则辛苦积累起来的心血付之东流，严重的会影响企业的正常运作，给科研、生产造成巨大的损失。为了保障生产、经营、销售、开发的正常运行，用户应当采取先进、有效的措施，对数据进行备份，防患于未然，保障数据的安全和完整，在紧急和故障情况下可以恢复数据。

3. 常见的数据备份方法

常用的数据备份方法有以下几种。

1）定期备份到外部磁带或光盘

远程磁带库、光盘库备份：将数据传送到远程备份中心制作完整的备份磁带或光盘。

远程关键数据＋磁带备份：采用磁带备份数据，生产机实时向备份机发送关键数据。

2）数据库备份

在与主数据库所在生产机相分离的备份机上建立主数据库的一个副本。

3）网络数据备份

这种方式是对生产系统的数据库数据和所需跟踪的重要目标文件的更新进行监控与跟踪，并将更新日志实时通过网络传送到备份系统，备份系统则根据日志对磁盘进行更新。

4）远程镜像备份

通过高速光纤通道线路和磁盘控制技术将镜像磁盘延伸到远离生产机的地方，镜像磁盘数据与主磁盘数据完全一致，更新方式为同步或异步。

5）将数据备份至云空间

云存储服务通过端到端加密保证数据安全，还提供免费的存储空间和额外空间的合理费用。由于备份数据位于远程位置，只要可以访问互联网，就可以通过计算机和移动设备从任何地方访问备份数据。

数据备份必须要考虑数据恢复的问题，包括采用双机热备、磁盘镜像或容错、备份磁带异地存放、关键部件冗余等多种灾难预防措施。这些措施能够在系统发生故障后进行系统恢复。但是这些措施一般只能处理计算机单点故障，对区域性、毁灭性灾难则束手无策，也不具备灾难恢复能力。云存储备份具备更大的优势，但也面临存储容量限制、服务网站关闭、数据遭受互联网攻击等风险。

4．数据备份介质

可以用来备份的介质很多，除磁带、硬盘外，还有 CD-R、CD-RW、活动硬盘、移动存储设备等。基于网络连接的存储设备也是可选项，此外，云存储还给用户提供了网络备份的新途径。

1）外部硬盘

外部和便携式硬盘驱动器一次连接到一台计算机。它们通常是有线设备，现在很多设备都配备了 USB 3.0 功能，但计算机也必须具备 USB 3.0 才能利用这一功能。

优点：易于使用；有了软件就可以安排备份。

缺点：硬盘驱动器会有发生故障的风险，无论固态还是机械硬盘，应存放在场外，以防发生火灾或其他灾难。

2）将数据刻录成 CD、DVD 或备份至蓝光存储

优点：驱动器故障不是问题，可以安全地存放在第二个位置（例如，保险箱）。

缺点：管理备份非常耗时。

3）USB 闪存驱动器

优点：便携、价格便宜，可在 USB 3.0 中使用。

缺点：容易丢失、不耐用且有容量限制（由于这种风险，不建议长期存储关键信息）。

4）网络存储设备如 NAS 设备

NAS（网络连接存储）是专用于保存数据的服务器。它可以有线或无线操作，具体取决于驱动器和计算机。配置后，它可以显示为计算机上的另一个驱动器。

优点：可以同时备份多台计算机，可以设置为自动备份。

缺点：使用时间长会有硬盘驱动器损坏的可能性。

5. 数据备份策略

备份策略指确定需备份的内容、备份时间及备份方式。需要根据实际情况来制定不同的备份策略。目前被采用较多的备份策略有以下 3 种。

1) 完全备份

每天对自己的系统进行完全备份(Full Backup)。例如，星期一用一盘磁带对整个系统进行备份，星期二再用另一盘磁带对整个系统进行备份，以此类推。这种备份策略的优点：当发生数据丢失的灾难时，只要用一盘磁带(即灾难发生前一天的备份磁带)，就可以恢复丢失的数据。然而它也有不足之处，首先，由于每天都对整个系统进行完全备份，造成备份的数据大量重复。这些重复的数据占用了大量的磁带空间，这对用户来说就意味着增加成本。其次，由于需要备份的数据量较大，因此备份所需的时间也就较长。对于那些业务繁忙、备份时间有限的场景来说，选择这种备份策略是不明智的。

2) 增量备份

首先进行一次完全备份，然后在接下来的一定时间里每天只对当天新的或被修改过的数据进行备份即为增量备份(Incremental Backup)。这种备份策略的优点是节省了磁带空间，缩短了备份时间。但它的缺点在于，当灾难发生时，数据的恢复比较麻烦。例如，系统在星期三的早晨发生故障，丢失了大量的数据，那么现在就要将系统恢复到星期二晚上时的状态。这时系统管理员就要首先找出星期天的那盘完全备份磁带进行系统恢复，接着找出星期一的磁带来恢复星期一的数据，然后找出星期二的磁带来恢复星期二的数据。很明显，这种方式很烦琐。另外，这种备份的可靠性也很差。在这种备份方式下，各盘磁带间的关系就像链子一样，一环套一环，其中任何一盘磁带出了问题都会导致整条链子脱节。如在上例中,若星期二的磁带出了故障,那么管理员最多只能将系统恢复到星期一晚上时的状态。

3)差分备份

管理员先选择某一天进行一次系统完全备份,然后在接下来的几天里,管理员再将当天所有与完全备份那天不同的数据(新的或修改过的)备份到磁带上,这就是差分备份(Differential Backup)。差分备份策略在避免了以上两种策略的缺陷的同时,又具有了它们的所有优点。首先,它无须每天都对系统做完全备份,因此备份所需时间短,并节省了磁带空间。其次,它的灾难恢复也很方便。系统管理员只需两盘磁带,即完全备份的磁带与灾难发生前一天的磁带,就可以将系统恢复。

在实际应用中,备份策略通常是以上 3 种的结合。例如每周一至周六进行一次增量备份或差分备份,每周日进行全备份,每月底进行一次全备份,每年底进行一次全备份。

第 **5** 章

数据全生命周期管理的目的和意义

5.1　数据的价值体现

对数据进行采集、传输、存储、交换和共享、处理、销毁全过程全生命周期管理,并建立完整的数据标准、数据质量、数据管理及治理、数据安全体系,其目的是充分发掘大数据所隐藏的价值,能够让数据在各行各业充分流通和融合,同时在此过程中能够进行全程的管控和溯源,了解和掌握数据的流转路径,建立数据的价值回溯和价值分配体系,让数据成为各企业及机构的核心资产,并在全产业、全社会、全球的范围有效地进行数据要素的配置、交换和交易,以最大化地发挥数据生产力的作用,促进全球数字经济的创新和发展。

数据的价值发挥体现在数据可以帮助企业和机构全面掌握生产、经营、营销、销售、供应链、服务等整体及各个环节的状况,从中发现问题及风险,找到改进和提升的关键点,对未来的产业发展、技术导向、市场及销售进行有效的预测,并用于辅助和指导企业的关键战略及决策,从而达到提效降本、保持竞争力和创新力、服务好市场和客户的目的。

数据具备很多特性,其中具有代表性的特性是数据能够发挥价值,以及驱动创新的根本原因。首先,数据在其对全局的描述、决策和预测方面,具备宏观性、中观性、微观性不同层级的掌握程度。其次,数据在其价值体现的效用前提方面,具备活性和流动性的特点。再次,数据在其融合和集成的方面,具备聚变及黑洞的效应。最后,数据在其价值发挥和行业促进方面,具备裂变和催化的作用。

5.1.1 数据的宏观性、中观性、微观性

数据可以帮助企业及机构对其外在及内部的环境与状况进行综合评估和掌握。根据其程度的不同，数据既具备宏观性（也称望远镜特性），又具备中观性（也称放大镜特性）和微观性（也称显微镜特性）。

宏观性指的是大数据收集的是全样本的历史数据，是所有过去数据的集大成者，依据这些数据，可以预测未来。用数据进行预测，可以预测今后的经济走势、市场形势、消费趋势、发展方向等。

Google 的 FluTrend——流感趋势预测，可以基于人们在 Google 搜索引擎上的搜索关键词，将与流感相关的关键词关联起来，比美国国家卫生署提前一周到半个月准确预测流感疫情的暴发。美国罗切斯特大学的学者和微软公司的研究者一起合作，分析了从 700 多人及其车辆上收集的超过 32 000 天的 GPS 数据，从数据中寻找模式并计算一个人某个时间会在某个地方的概率。根据他们的模型，能够预测一个人在未来 80 周的行踪，并且预测的准确率达到了 80％。也就是说，根据这些人的历史出行记录，可以预测他们未来一年半中所在的位置，这就是数据的望远镜特性，可以准确地预见未来。

数据的中观性是指可以根据从企业或机构生产经营各个来源所收集的数据，对企业或机构的现状进行一个完整的画像，帮助企业对现状有更加清晰的认知和把握，相当于用放大镜帮助他们从总体上对自身或环境、市场进行一个全面的观察和认知，梳理已有的数据资产，从中能够发现一些规律和问题，能够更好地发挥数据的价值，改进流程和环节，把控和降低风险。现在各个行业和企业所积极部署和建立的数据中台、数据大屏、数据画像，大部分的作

用是建立一个中观的视图。如市场总量,企业的总收入,各个产品、销售部门的市场占比,逐年数据的对比等这些可视化的方法都是在中观层面上的汇总和描述。

数据的微观性指的是通过采集和汇总各个支干的数据,可以精确掌握企业或个人的最细微的细节,就像显微镜一样能够看到更加清晰、更加细致、更加微观的层面,然后就可以通过数据来做精准的运行、监控、画像及服务。如通过物联网传感器,就可以采集到每一个设备每分每秒的实时运行数据,实时监测到已发生或有可能发生的故障,并采取及时的行动来避免或减小风险和损失。

美国的电商网站亚马逊,用户80%的再次购买行为都是基于系统的推荐,这是因为系统记录了用户的基本信息以及他们每次的消费信息,包括家庭购物信息,这样就可以准确地掌握他们的行为、兴趣、意图和爱好,从而推测他们会喜欢什么样的商品,为他们提供精准的推荐。数据就像显微镜一样,观察到了用户最细致的信息,了解他们的一举一动。当然,这里面也涉及用户的隐私,数据有可能比用户还更了解他们自己,因此在精准服务和隐私保护两方面要做好平衡。现在有很多互联网的App都在非法窃取用户的隐私,并出现了利用大数据进行"杀熟"的行为,也就是利用用户的消费习惯更多地收费和牟利。因此,数据的显微镜特性也是一把双刃剑,包括我国和很多国家已经在加强这方面的数据保护及隐私立法。

1. 数据的活性和流动性

数据具备很多很好的特性,但是如果只有数据,不把它们很好地流通和利用起来,或者数据不能及时地采集和更新,数据的价值也得不到很好的发挥。所以还要关注数据的活性和流动性。现在社会和企业的数据已经非常庞大,尤其是一些传统企业,如医疗、旅游、金融、交通等行业,累积了几十年的数据,但这些数据有的是纸质的放在文件柜里,有的是放在计算机里只是用来形成报表,做最基础的统计分析,数据并没有被利用起来,它们处在沉睡的状态。数据需要活动起来,把数据激活起来、唤醒起来,才能发挥其巨大的威力。数据也和资金一样,需要周转起来,流动起来,发挥其流动性。做生意的都知道,资金周转越快,周转的次数越多,就越能赚钱。数据也是一样,需要更快、更多次数地使用数据、交换数据、融合数据,才能更多地发挥它的价值。

2. 数据的聚变效应和黑洞效应

当把来自各种数据源的数据进行不断的聚集和融合时,就可以产生密度更大、质量更大的数据粒子,其所蕴含的价值和能量也就越大。这个聚合的过程类似于一个核聚变的过程,最后能释放出来巨大的能量。全行业的、全国性的、全球性的数据聚合起来可以爆发相当于核能量的驱动力和创新力。所以说数据是数字经济时代创新的原动力,是核动力引擎。

关于数据的黑洞效应,我们知道一个大质量的星体不停地旋转,就能形成强大的吸附力,把周边的物质都吸收进去,甚至连光线都不能逃逸,最终形成一个黑洞。如果整合多行业、多源的数据,发挥其活性和流动性,数据的质量越来越大,数据流转速度越来越快,就可以把周边所有相关的数据、资源、人才等都全部吸附过去,形成一个巨大的数据黑洞,最终只要跟这个数据黑洞发生交集的都会被"吞噬"进去。

我们预测未来全球就像我们的宇宙一样,可以形成多个数据黑洞,现在的很多互联网大平台,由于其本身累积了大量的数据,同时又在不停地收集和整合行业数据,已经形成了一些数据黑洞。从其积极意义来看,数据越来越集中,价值流转的速度越来越快,极大地发挥了数据的价值。但是,由于数据过于集中,也产生了数据垄断,数据定价权被掌握,对于行业的创新和开放式发展也有不利的因素。

3. 数据的裂变效应和催化效应

数据通过聚变累积了巨大的价值和能量,当把所聚合的数据通过分析加工应用到各行各业中去时,就发生了数据的裂变。如用户行为数据,几十亿用户的行为数据,可以应用到跟用户相关的医疗、教育、社交、休闲、娱乐、金融等各个产业方向,一份数据就有了不同行业的应用裂变,其所产生的数据及应用价值是不可计量的。

越来越多的人意识到数据所蕴含的巨大价值。数据被誉为新时代的黄金和石油,然而数据有一个特性是黄金和石油不能比拟的,使得它比黄金和石油都更有价值。这就是数据的催化剂特性。催化剂可以加速化学反应的过程,但它本身并不损耗。同样,数据在使用过程中可以加速整个生产、经营和商业营销、销售、服务的过程,但数据本身并不损耗,怎么用数据都在那里。数据可以重复使用,而且数据还是越用越多,在使用的过程中又产生了新的数据,因而可能越用价值越高。数据跟多种数据源交叉使用时,价值沉淀就越来越大。同样,数据可以深入应用到全行业,可以循环使用。任何一个其他的行业要素都是会损耗的,用完就没有了,但数据就可以一直使用,加速和催化所有的产业和环节,还可能越用越值钱。数据可以说是最值钱的生产要素,这是其他生产资料不可比拟的。

举例来说,美国的政府数据开放网站 www.data.gov 累积了美国几十个行业和部委数十年的数据,而且全面开放给社会,在其上还建立了开放共享的工具集和应用,这样就使得数据和工具相互促进,发挥了聚合和催化的作用,其一年带动的创新产值是数万亿美金。其中一个例子是美国的 Climate 创业公司,基于上述政府开放数据网站,汇总了 250 万个地点的气象测量数据和各个主要气候模型的天气预报,同时综合 1500 亿个土壤观测记录,对这些数据进行处理,生成出 10 万亿个天气模拟数据点,为农业生产提供保险服务。Climate 公司的几位联合创始人是 Google 的早期员工,他们为天气保险的投保人开发了一种自助式互联网服务,此前这类保险只能通过定制的方式进行柜台交易。现在,客户可以登录 Climate 公司的网站,确定特定时间段内需要投保的气温和/或降水量范围。平台收到订单后,就会在 100ms 内综合分析天气预报、近 30 年来的国家气象局数据,以及用户所在地的地质调查数据,并根据气候变化,对分析结果进行微调。得出结果后,就会作为保险商,给用户开出保费。投保人如果因为意外天气而受到损失,就能自动获得赔偿。Climate 公司创立仅 3 年就被美国最大的农业公司孟山都以近 10 亿美元收购。类似这样的数据创新公司在数据开放平台上比比皆是。近些年来,中国各个城市也都在建立数据共享和开放平台,用以促进数据的开放和创新。

5.1.2　数据可视化

1. 数据可视化概述

数据可视化是借助于图形化手段,清晰、有效地传达与沟通信息。数据可视化不一定因为要实现其功能用途而过于理论化,或是单调枯燥,也不需要为了绚丽多彩而显得极端复杂。为了有效地传达信息及概念,美学形式与功能需要齐头并进,通过直观地传达关键的方面与特征,从而实现对于相当稀疏而又复杂的数据集的深入洞察。

数据可视化与信息图形、信息可视化、科学可视化以及统计图形密切相关。当前,在研究、教学和开发领域,数据可视化是一个很活跃而又关键的领域。尤其是最近元宇宙概念的兴起,未来人类可能更多地在数字空间进行交互,那么关于数据及信息的三维甚至更多维的表达也是至关重要的。

2. 为何进行数据可视化

数据可视化领域的起源可以追溯到 20 世纪 50 年代计算机图形学的早期。当时,人们利用计算机创建出了首批图形图表。1987 年,由布鲁斯·麦考梅克、汤姆斯·蒂凡提和玛克辛·布朗所编写的美国国家科学基金会报告《科学计算之中的可视化》,强调了新的基于计算机的可视化技术方法的必要性。随着计算机运算能力的迅速提升,人们创建了规模越来越大、复杂程度越来越高的数值模型,从而造就了形形色色体积庞大的数值型数据集。同时,人们不但利用医学扫描仪和显微镜之类的数据采集设备产生大型的数据集,而且还利用可以保存文本、数值和多媒体信息的大型数据库来收集数据。因而,就需要高级的计算机图形学技术与方法来处理和可视化这些规模庞大的数据集。

早期的可视化主要是在科学与工程实践当中对计算机建模和模拟的运用。后来,可视化也日益尤为关注数据,包括那些来自商业、财经、行政管理、数字媒体等方面的大型异构数据集合。当今,数据可视化指的是采用较为高级的技术方法,允许利用图形、图像处理、计算机视觉和用户界面,通过表达、建模及对立体、表面、属性和动画的显示,对数据加以可视化解释。与立体建模之类的特殊技术方法相比,数据可视化所涵盖的技术方法要广泛得多。

先进的数据可视化技术和方法不再局限于通过关系数据表来观察和分析数据信息,还能以更直观的方式看到数据及其结构关系。大量的数据集构成较为丰富和立体的数据图像,同时将数据的各个属性值以多维数据的形式表示,可以从不同的维度观察数据,从而对数据进行更深入的观察和分析。

3. 数据可视化交互形式

从数据展示的角度来看,可视化技术主要是针对数据的结构、功能、关联关系、发展趋势等几方面进行展示。传统的可视化展示方式一般是图表、图形、数字化模型及三维展示、虚拟现实/增强现实展示等。随着大数据的兴起与发展,互联网、社交网络、地理信息系统、企业商业智能、社会公共服务等主流应用领域逐渐催生了几种特征鲜明的信息类型,主要包括文本、网络图、时空及多维数据等。这些与大数据密切相关的信息类型与多维数据模型交叉融合,将成为数据可视化的主要研究和发展领域,因此也衍生了很多新形式的展现和交互模式。下面介绍 6 种数据可视化及互动技术:二维展示技术、三维渲染技术、虚拟现实技术、增强现实技术、可穿戴技术和可植入设备技术。

1) 二维展示技术

二维展示技术包括标准图表(柱状图、折线图、饼图等)、时间序列(Time Series)、层级树状图(Hierarchical Tree Map)、时间轴、地图、网络图、信息图等。

近几年涌现出了一大批基于二维展示技术的数据可视化服务公司。以 Google 为代表的几家公司提供的可视化服务尤其突出。Google 的 Charts 提供了用户在网页上以图形方式展示数据的接口,Charts 支持饼图、折线图、柱状图、区域填充图、散点图、维恩图、仪表盘等多种形式,并可以设置图中各部分的颜色、形状、间隔等细节。还有很多其他开源的工具支持文本可视化、地图、社交图谱等各种数据的可视化呈现。图 5.1 是一个社交图谱可视化的例子。

2) 三维渲染技术

三维渲染技术是近年来发展迅速和备受关注的行业,在数字娱乐、虚拟现实、工业设计、实时仿真、数字城市等各个领域都有着

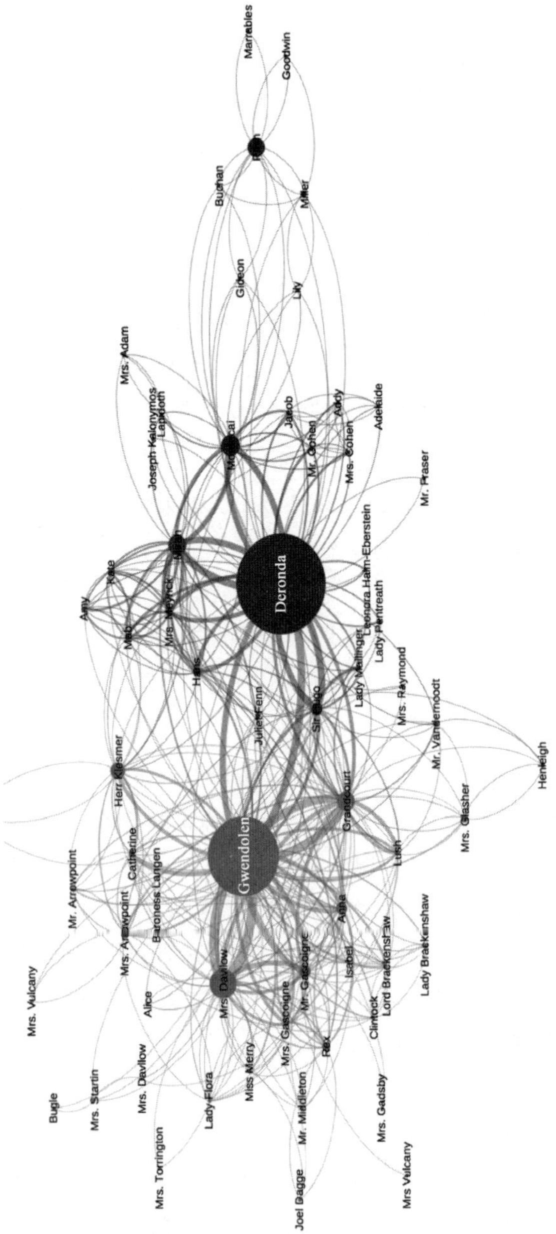

图 5.1 社交网络关系图谱

十分广泛的应用。在数字娱乐领域,提到三维动画渲染,人们马上就会联想到皮克斯公司。皮克斯是一家专门制作计算机动画的公司,其制作的《怪兽公司》《虫虫危机》《海底总动员》《料理鼠王》等动画电影系列,都受到全球观众的热捧。三维特技在科幻影片《阿凡达》中更是被发挥得淋漓尽致。该片也因为震撼的特技效果而获得了全球电影史上的最高票房,并获得了第82届奥斯卡最佳艺术指导、最佳摄影和最佳特效3项奖项,以及第67届金球奖最佳导演奖和最佳影片奖。

在工业设计领域,目前在建筑、飞机、轮船、汽车、机床等设备的设计中已经普遍用到三维技术,它使设计师可以在屏幕上随时变更设计方案,进行快速验证。在当今的数字城市、智慧城市建设中,三维技术也展现了巨大的能量,它不仅能够模拟整个城市、园区、建筑、室内的建设效果,还能结合控制参数,实时仿真出动态反应场景,如变电站的控制、水库的监测等。采用三维技术,可以大大节省实际生产和制造的时间和成本,同时直观地展示出最终的效果,能够高效地进行互动调整等。

3) 虚拟现实技术

虚拟现实(Virtual Reality,VR)技术是由美国 VPL 公司创始人拉尼尔(Jaron Lanier)在 20 世纪 80 年代初提出的,也称灵境技术或人工环境。作为一项尖端科技,虚拟现实集成了计算机图形技术、计算机仿真技术、人工智能、传感技术、显示技术、网络并行处理等技术的最新发展成果,是一种由计算机生成的高技术模拟系统。

这种技术的特点在于计算机产生一种人为虚拟的环境,这种虚拟的环境是通过计算机图形构成的三维数字模型,并编制到计算机中去生成一个以视觉感受为主,同时包括听觉、触觉的综合可感知的人工环境,从而使人产生一种沉浸于这个环境的感觉,人可以直接观察、操作、触摸、检测周围环境及事物的内在变化,并能与之发生"交互"作用,使人和计算机很好地"融为一体",给人一种"身临其境"的感觉。

一般的虚拟现实系统主要由专业图形处理计算机、应用软件系统、输入设备和演示设备等组成。虚拟现实技术的特征之一就是人机之间的交互性。为了实现人机之间充分交换信息,必须设计特殊输入工具和演示设备,以识别人的各种输入命令,且提供相应反馈信息,实现真正的仿真效果。不同的项目可以根据实际应用选择使用不同的工具,主要包括头盔式显示器、跟踪器、传感手套、屏幕式或房式立体显示系统、三维立体声音生成装置等。

4)增强现实技术

增强现实(Augmented Reality,AR)技术是在虚拟现实技术的基础上发展起来的,它是把计算机产生的虚拟物体和场景叠加到现实场景中,用这种混合的模式增强用户对场景的感知。它是一种全新的人机交互技术,利用这样一种技术,可以模拟真实的现场景观,它是以交互性和构想为基本特征的计算机高级人机界面。使用者不仅能够通过增强现实系统感受到在客观物理世界中所经历的"身临其境"的逼真性,而且能够突破空间、时间以及其他客观限制,感受到在真实世界中无法亲身经历的体验。

AR技术包含了图形图像学、可视化技术、实时交互技术、多传感器融合等新技术和新手段,系统具有3个突出的特点:真实世界和虚拟世界的信息集成、实时交互性、在三维尺度空间中增添定位虚拟物体。AR技术可以广泛应用于军事、医疗、古迹保护、建筑、教育、工程、影视、娱乐等领域。在军事领域,用于尖端武器、飞行器的研发、虚拟训练等;在医疗领域,用于帮助医生进行手术部位的精确定位;在古迹复原和数字化文化遗产保护领域,将文化古迹的信息以增强现实的方式提供给参观者,使参观者不仅可以通过专用的显示器(头盔式、眼镜式等)看到古迹的文字解说,还能看到遗址上残缺部分的虚拟重构;在影视领域,通过AR技术可以在转播体育比赛时实时地将辅助信息叠加到画面中；在商品展示中，可以将家具和电器叠加到顾客的客厅中查看实时效果等。

5）可穿戴技术

可穿戴技术主要是探索和创造能直接穿在身上，或者整合进用户的衣服或配饰的设备的科学技术，这种技术互动实现了可视化与实时的有机集成。可穿戴技术是 20 世纪 60 年代美国麻省理工学院媒体实验室提出的创新技术，利用该技术可以把多媒体、传感器和无线通信等技术嵌入人们的衣着中，可支持手势和眼动操作等多种交互方式。其目的是通过"内在连通性"实现快速的数据获取，通过超快的分享内容能力高效地保持社交联系，摆脱传统的手持设备而获得无缝的网络访问体验。

20 世纪 60 年代，可穿戴技术逐渐兴起；到 70 年代，发明家 Alan Lewis 打造的配有数码相机功能的可穿戴式计算机能预测赌场轮盘的结果。1977 年，Smith-Kettlewell 研究所视觉科学院的 C. C. Colin 为盲人做了一款背心，把头戴式摄像头获得的图像通过背心上的网格转换为触觉意象，让盲人也能"看"得见。自 2012 年 4 月 Google 宣布其 Google Project Glass 的未来眼镜研发项目后，各大科技公司纷纷在可穿戴技术应用上加大研发力度。2013 年，苹果公司密集曝光了其智能手表 Apple Watch 的一系列新功能并于 2014 年进行了产品发布；索尼公司于 2013 年 8 月底推出了 Smart Watch 的第二代产品；三星公司则在 2013 年 9 月推出了智能手表产品 Galaxy Gear。随着移动通信、图像技术、人工智能等技术的不断发展及创新融合，在全球应用和体验式消费的驱动下，可穿戴设备迅速发展，已成为全球增长极快的高科技市场之一。据统计，全球可穿戴设备出货量从 2014 年的 0.29 亿部增长至 2021 年的 5.34 亿部，预计到 2024 年将达到 6.37 亿部。

可穿戴技术是近几年科技界热门的趋势之一。在每次大型科技盛会上，面向个人消费者的可穿戴设备数量都呈现指数级增长，从智能手环、智能手表、智能手套到智能眼镜、智能头盔等。可穿戴设备不仅仅是硬件设备,更是可以通过软件支持及数据交互、云端交互来实现强大功能拓展的设备。可穿戴设备具有快速的信息抓取、处理和查询能力,以及更准确的判断决策能力,在这种设备的帮助下,人们的行为模式和行动效率也将得到改善和提高。

6)可植入设备技术

由于医学发展的需要,为修复受损功能和维持身体运作,人们发明了医疗设备植入人体的技术,如心脏起搏器和耳蜗的植入。随着医学植入技术和无线传感技术的发展,越来越多的科技人员开始研究可植入人体的高科技应用设备,以便通过植入设备来监测、管理和改善人的身体状况,让身体运作得更加协调有序或者实现定位追踪等特殊目的。随着应用场景的不断发展及科技的突破,以埃隆·马斯克为代表的一些人已经在探索脑机接口(Brain Computer Interface,BCI),即实现人脑与计算机的互联。早期布朗大学的 BrainGate 团队,深入研究了如何实现人的大脑与计算机对接。初步研究显示,在人脑中植入婴儿版阿司匹林大小的电极,神经信号可被计算机实时解码,并用于操控外部设备。而现如今,脑机接口离商用化也就一步之遥。脑机接口的落地场景主要在医疗、娱乐、教育等领域,具体如下。

在医疗领域,用于运动控制的脑机接口系统记录与思维、感知和运动意图相关的神经活动,将脑信号解码为用于输出设备的命令,并通过输出设备执行用户的预期动作。用于感觉增强的脑机接口系统将环境刺激转换为中枢神经系统可解释的神经信号。这两种类型的系统都有可能通过促进用户与环境的交互来减少残疾。脑机接口技术被用于康复环境中,既可作为神经假体来替代失去的功能,也可作为旨在加速神经恢复的潜在可塑性增强治疗工具。受益于运动和体感脑机接口系统的人群包括脊髓损伤、运动神经元疾病、肢体截肢和中风患者。

在娱乐领域,当脑机接口技术发展成熟后,使用者将无须佩戴任何 AR 或 VR 等体外成像设备,而是在脑部植入一颗芯片,通过模拟神经信号接入虚拟世界,就可以获得逼真的体验。此外,脑机接口或将成为下一代人机交互技术的主要形式,也将成为元宇宙的终极接入方式。

可植入设备的研究已经不仅仅局限于医疗领域,但是由于可植入设备的电极、传感器等材料可能被身体组织吸附产生的副作用,医疗领域的皮下植入技术操作规范能否在可植入设备大量普及的情况下得到严格执行,设备能否长时间供电等技术问题,此外还有大量的伦理道德问题都有待研究和探讨,因此可植入设备的未来发展还有待时日。

5.1.3　数据可分析

数据的各种价值特性,以及对数据的全生命周期管理的目的都是充分发掘数据的价值,发挥数据的生产力作用。而其前提是能够对数据进行加工、分析和处理,从中发掘出有价值的信息,并用于生产、生活、工作、经营的实际活动中,体现出其价值和效应。

大数据正成为新一代信息技术融合应用的核心,为云计算、物联网、移动互联网、人工智能等各项新一代信息技术相关的应用提供坚实的支撑,数据分析是这一切的基础。同时,大数据蕴含着巨大的社会、经济和商业价值。数据分析会催生一大批面向大数据市场的新模式、新技术、新产品和新服务,进而促进信息产业的加速增长。此外,各行业对大数据的实际需求能够孵化和衍生出一大批新技术和新产品,来解决面临的大数据问题,促进科技创新。对于数据的深度利用,将能够从数据中挖掘出潜在的应用需求、商业模式、管理模式和服务模式,这些模式的应用将成为开发新产品和新服务的驱动力。

1. 数据分析对于企业的意义

数据分析对于企业具有多重意义。企业通过对自身累积的数据和外部收集的数据进行分析,可以实现数据的深度挖掘和利用,形成智能决策,在企业运营中提高效率,节省成本;在市场竞争中制定正确的市场战略,把握市场先机,规避市场风险;在市场营销中全面掌握用户需求,进行精准营销和个性化服务。例如,零售企业可通过对数据的实时分析掌握市场动态并迅速采取应对措施,通过精准营销增加营业收入;工业制造企业可通过整合来自研发、工程和制造部门的数据,实行并行工程,缩短产品上市时间并提高质量。各类企业还可从产品开发、生产和销售的历史大数据中找到创新的源泉,从客户和消费者的大数据中寻找新的合作伙伴,以及从售后反馈的大数据中发现额外的增值服务,从而改善现有产品和服务,创新业务模式。

在数据时代,企业的决策正在从"应用驱动"转向"数据驱动",能够有效分析利用数据并将其转换为生产力的企业,将具备核心竞争力,成为行业领导者。

1)智能决策

数据分析对于企业的价值和意义,首先体现在宏观的战略层面,通过对政策、行业、市场、产品及技术在整体上的分析,可以综合把握国内外这些方面的发展态势,制定正确的企业战略,应对不确定的变化,综合把控和降低风险。如在华为公司的发展早期,就是敏感地把握到了数字程控交换机将成为通信行业的主要发展方向,因而在战略上进行资金和人才的全部投入,造就了华为公司在市场上的领先地位。类似这样的战略决策现今可以通过数据分析来实现。

在中观层面,通过对企业生产经营数据的实时分析,可以及时地掌握市场及销售动态,发现问题和机会,并能够迅速进行决策和响应,如对热销产品的供应链及资金的配套,进行及时的补充,就能够避免因为货源的储备不足而丧失市场机会。

在微观层面,则能够根据市场及用户的反馈,实时地对产品细节及营销策略做出微调,以满足不同用户的需求,提升服务质量。世界知名的快时尚品牌 ZARA,会每天收集社交网络信息,以及门店的消费者的反馈,根据汇总的数据微调某一品类的衣服的样式、尺寸,来更适应用户的个性化需求,这样的微观智能决策也帮助 ZARA 成为时尚界的翘楚。

2）增加收入

企业经营的最直接目标还是增加收入。增加收入有多种办法,如提升产品的市场占有度、提升产品的品牌价值、扩大生产的产量、提高产品的销量等。而这些都不能够通过拍脑袋来决定,都需要通过数据分析来进行智能定位的决策。例如在产品的品牌塑造方面,就需要精准地定位产品的目标人群,包括他们的价值取向和品牌认同度、他们的消费倾向等。而在产品的市场方面,则需要进行竞品分析、热点分析、时尚流行分析等。在产品的销售方面,则需要进行渠道、销量、片区、部门、季节等多维度的分析对比,才能达到提效增收的目的。

3）提高利润

采取前述的办法在提高产品知名度、品牌、市场占有量和销量的基础上,也可以实现高额的利润。但增加收入并不等同于利润的提升,因为还涉及成本的投入和计算,以及经营和管理的效率。提高利润的主要方法在于提效降本。数据分析在企业的供应链、生产、管理、经营、销售等各个环节都能够进行细致化的分析和监控,从而能够在总体上和各个环节上实现提效降本,从而增加利润。提高效率的办法是实现各个合作企业、各个部门,以及各个环节的综合的协同效率,减少摩擦和损失。降低成本则是在办公设施、管理成本、销售成本、材料成本、生产成本等各方面避免浪费,节约支出。通过数据分析的中观及微观效应,可以细致入微地发现问题,解决问题,规避风险,最终提高企业的利润。

4）提升客户满意度和忠诚度

提升客户满意度和忠诚度在于更好地了解和掌握客户的需求及喜好,并做好相应的品牌定位及服务。这需要通过数据收集及数据分析,来定位用户群,分析用户内容偏好,分析用户行为偏好,建立受众分群模型,制定渠道和创意策略,完成投放评估效果等,不断把控营销与服务的质量与效果,并充分结合历史数据分析实现从效果监测转向效果预测。

在具体操作层面,一方面需要从各个渠道采集相关的数据,尤其是随着电商平台、互联网的应用以及社交媒体的发展,每一个潜在客户都在网络上留下了很多的数据,通过对海量数据的多维度重组,使得企业能够通过精准细致的数据引导自身营销策略的改变。另外,企业之间也在推动各平台间的内容、用户、广告投放的全面打通和共享,通过用户关系链的融合以及网络媒体的社会化重组,给企业带来更好的精准营销和服务效果。数据的采集也不完全局限于互联网的方式,社会调查、门店及渠道等也可以作为有效的方式。另一方面,数据分析的结果也需要通过适当的渠道和方式再传递给客户,这同样可以通过线上和线下的方式,建立好全渠道的用户营销和服务。

2. 追溯追责

通过数据的全生命周期管理,可以建立完整的数据闭环,涉及全行业、全环节的数据及其对应的产生、收集及使用的过程,这样就可以形成完整的追溯过程,而在任意一个环节所发生的问题、失误及损失,都能找到其对应的责任主体,从而也实现追责的功能。

下面举例来说明,如要建立食品追溯体系,首先需要的就是通过信息化手段覆盖从种植养殖、加工、包装、物流、销售等生产及经营过程，完整地记录各环节的经营流通数据，以便后续可追溯。食品安全追溯体系还需全面采集和记录食品的生产、仓储、分销、物流运输、市场巡检及消费者等信息，以及产品名称、执行标准、配料、生产工艺、标签标识等数据，并进行跟踪和分析。这些需要建立在开放性、集成性良好的追溯追责平台上，才能真正实现其目的。

3. 监控和监督

监控和监督与上述的追溯追责有一定的相似性。在其基础上，还需要在行政地域、管理部门之间实现信息的跨区域管理和共享，避免由于现有行政区域的划分，各地政府职能管理部门形成地方保护，监管部门出现相互扯皮、推诿等不良现象，还有监管部门条块分割造成的监管信息分散、信息内容单一、部门之间信息沟通不畅等问题。

对数据进行全生命周期的综合采集、应用和管理，可优化职能监管部门的资源配置，制定出较好的统筹与协调解决方案，达到有效的行业监控监督。同时，在合理配置监管部门职能的同时，将极大提高信息的利用效率，节约成本，发挥数据的协同作用。

4. 洞察探寻

对数据的洞察探寻在于对数据的深度理解，对数据的各个维度进行深度的分析，了解其背后深层次的原因和导向。这需要结合数据分析及数据的可视化，进行交互式的分析和探索。例如，一款产品销量的突然下滑，一个季度的业绩的突然暴跌，都需要到数据里面去找到其根本原因，并能够找到解决的办法，它可能是营销策略、产品定价的失误，也可能是相关的社会事件，还可能是关键人物的离职，这些都是数据洞察能够给出的答案。

5. 挖掘商机

数据分析能够有效地发现市场机会,找到消费品之间的关联,了解到用户的消费习惯,这些都是可以利用的商业机会。如数据分析可以发现市场热销商品,那么及时地进行相应产品的备货和销售,就能马上赚取利润。同样,美国的沃尔玛是最早利用"购物篮关联分析方法"的大型零售商,发现了"啤酒与尿布"的关联,因而把两样商品放置在一块,提高了商品的销量。同样发现了在飓风季节,客户对甜品需求的上升,因而把甜品与手电筒、雨具放置在相邻的位置,来进行促销,都取得了良好的效果。数据同样还可以帮助新产品的研发,小米公司通过建立互联网的产品沟通渠道,与上百万人建立联系,让他们参与手机产品的设计及研发,才取得了第一款小米手机的成功。

6. 预测未来

预测未来是基于数据的望远镜特性。基于历史数据可以建立对未来的预测模型,从而可以有效地分析消费潮流、用户接受度、产品销量、疾病传播概率、故障可能发生的时间等。大型互联网公司在对用户页面、产品页面做出大改动之前,都会应用分析预测模型来预测用户对新网页的接受度,哪些用户可能流失,流失率会是多少等,并会在页面切换之前,采用 A/B 测试的方式,将一部分用户导流到新网页,来验证相关的预测是否准确。数据分析甚至被用来预测选民的支持程度,帮助美国总统进行竞选策略的制定,并成功地帮助包括奥巴马、特朗普等登上总统宝座。

5.1.4　有的放矢地分析数据

对于企业的数据分析业务来说,进行全方位的数据采集,建立数据中台及算法模型,进行数据全生命周期的管理,这些都意味着相对比较大的建设成本和开支。如果没有相对清晰地分析目标和预期的效果,而是进行泛泛的探索,或是不管三七二十一,什么都想上,那么很可能就会面临效益远远小于投入的尴尬结局。企业的数据体系建设可以本着循序渐进,首先解决企业的难点、痛点方面来进行,对关键数据进行收集,制定明确的数据分析目标,分析的结果可以及时地应用在企业的生产经营决策中,并带来相对可观的效益和效果。

5.1.5　不同行业数据分析的侧重点

在不同的行业应用中,对数据分析的需求及侧重点也有一定的不同。在互联网金融领域,在线的金融服务已经逐步成为主流,实体的门店职能越来越弱化。金融产品及服务可能重点关注风险的管理和控制,因此基于数据挖掘的客户识别和分类将成为风险管理的主要手段,对风险管理也需要动态、实时的分析和监测,而非事后的统计和评价。

在能源电力行业,对于工业企业的用电信息需要基于实时的电表采集的信息,进行分析和统计,用于电价的制定,以及电力资源的配置。因此基于大量数据的多维度统计和分析预测就成为电力行业的主要分析场景。同时,对电力设备的监控及故障分析预测,也是保障电力网络有效安全运行的基础。

在民航领域,由于全球民航业务的发展,以及各大航空公司之间的激烈竞争,提高效率、节约成本、拓展服务模式、提高服务质量已经成为各个航空公司的重点发展策略。因而对服务产品的定制、对用户的精准产品推荐、提升服务的质量以及效果的监测,就是民航业务的主要数据分析场景。

在教育领域,则着重要为老师和学生减负。因而精准的智能教学辅导工具,学生的精准行为及知识点、成绩分析,以及学生的综合能力的训练与素质培养就成为教育领域数据分析的重点。这可以通过建立能力与知识模型、学生的学习习惯、解题及分析的方法等关联模型,最终达到因材施教、因人施教的个性化培养的目的。

5.2　数据资产

5.2.1　什么是数据资产

从前面的论述可以看到,数据已经不单纯是信息的载体,它是可以直接创造价值的核心资源,从这个角度来看,数据已经上升成了企业的资产。数据资产是企业拥有的,带有明确权属的,能给企业带来收益的数据资源。相比单纯的数据,数据资产有以下特征。

(1) 数据资产是具有价值的,也就是有价值的数据资源才可以是数据资产。只有当数据经过一定形式的加工、处理及利用,产生了相应的价值,才能被称为数据资产。

(2) 数据资产是需要加工的。企业内部很少一部分的数据资源可以直接作为数据资产给企业创造价值,大部分的源数据无法形成资产价值,需要经过整理、汇总、聚合、加工、处理形成新的数据资源,才能为企业创造价值。

(3) 数据资产是需要管理的。数据资源作为企业无形资源的一部分,是需要管理才能为企业创造更大的价值,而经过管理的数据资产才可能为企业创造价值最大化。

(4) 数据资产是能够应用的。数据形成资产,能够应用于企业的业务经营,助力企业发展,提升企业的资产运营能力,创造企业价值。

5.2.2　如何进行数据资源化

数据资源化是数据市场化发展和价值挖掘的首要问题。如今,数据的价值被已经被越来越多的企业发现并利用,数据在国家、企业和社会层面渐渐成为重要的战略资源,成为新的战略制高点。但目前,无论是行业数据还是政务数据,开放程度极为有限,数据孤岛和数据保护现象还相当严重,这需要政府和企业进一步转变意识,加强数据的开放和共享,加大数据资源化的建设。

数据资源化是指将原始数据转换为具备一定的潜在价值的数据资源的过程,是数据资产化的必要前提。针对数据,需要有一套完善的数据资源管理流程和体系,才能完成数据到数据资源的转换。数据资源管理是以数据管理为基础,包含数据标准、数据质量、数据价值、数据共享和数据开发、数据安全等管理职能,对数据进行标准化建设及质量管理,提高数据资源价值增值能力,并保障数据安全。在企业数据资源化过程中,数据治理工作的实施至关重要。实施数据治理能够确保企业内数据的准确性、一致性、时效性和完整性,提升数据质量,保障数据安全,推动内外部数据流通。通过数据治理这道必要的闸口,企业内部的原始数据才得以转换为有一定使用价值的数据资源,为构建全面有效的、切合实际的数据资产管理体系做好准备。

在数据资源化过程中,还需要明晰数据资源主体的关系,关注如何借助数据资源为数据所有者、数据经营者和数据使用者带来数据价值。分散在各处的原始数据,经数据采集、数据加工后拥有数据所有者属性,数据转换为数据资源后更是获得交易属性,所以需要明晰数据资源主体的责权利关系。由于数据隐私及数据价值的存在,数据所有者不能简单地让渡数据所有权,因此在数据资源化过程中必须明晰数据所有者、数据经营者和数据使用者三方的主体和权属。

数据所有者应完整占据数据资源的产权,可以自由决定是否委托数据资源经营权。数据经营者接受数据所有者委托,享有数据经营权和获取合法收益的权利。数据使用者依据数据经营者赋予的合法权益享有数据资源及其衍生物的数据价值,从而实现数据价值传递、数据价值变现。

5.2.3 如何进行数据资产化

数据资产化是将数据资源转换为能为企业产生价值的数据资产的过程。数据资产化是数据交易的实现途径。数据要素要想流动起来,打破数据孤岛,真正成为一种生产要素,就必须要能够市场化交易或者说市场化衡量,其中资产化就是必须要完成的工作。

企业的数据资产化总体上需要经历以下 5 个步骤。

1. 业务数据化和归一化

业务数据化是企业数字化转型的第一步,也是数据资产化的前提。所有的业务流程、业务数据都能够进行数字化的采集、存储,是建立数据资源的基础。同时,还需对多源数据进行融合和集成,同一实体的数据能够做到归一,才能为进一步的数据治理及管理做好准备。

2. 建立数据标准

数据资产化需要建立数据管理、使用、交易的共识及标准,因此必须做好数据资产的质量管理和标准化建设。对企业的资产需要做好盘点、规划及架构,建立统一的数据字段标准和体系,促进并提升数据资产标准的一致性。

3. 数据分类分级，做好隐私评级

数据资产的使用离不开数据的分类管理及隐私管理。可以通过设立数据资产类别，对数据资产的涉密及隐私程度进行分类，降低数据资产使用过程的涉密及隐私泄露风险。

4. 数据的价值挖掘

对数据进行加工、处理、挖掘，将数据标签化、价值化，让数据可持续、可应用，实现数据资源到数据资产的转换。这里面还要注重成本与效益的问题。

5. 数据的产品化和服务化

数据一定要能够用起来，能够形成产品、商品、服务，能够被购买、被交易、被使用，产生利润，才能真正实现数据的价值变现。

5.2.4 数据资产化面临的难题

全球数据资产化的进程实际上都还开展不久，很多政府及行业都还在建立基础的数据资产管理体系，以及数据资源的治理体系，在很多领域都还处于探索和实践的过程中，因此，还面临很多问题。其中有代表性的几大难题是数据资产确权、数据资产价值评估、数据资产交易和数据资产安全。

1. 数据资产确权

数据资产确权即数据资产的权属界定，是数据资产化的基础，也是数据交易的基础。在数据服务及交易过程中的所有参与方，需要明确各自的责、权、利。数据的权属（也称数权）不同于传统的物权,物权是对实物的直接支配,但数权在数据的全生命周期中有不同的主体和权属,如前述的所有权、经营权、使用权等。由于数据所有权可以转移、难以界定,因此数权界定需要综合考虑主体及数据资产使用和交易的全过程。

数权可以简单理解为在法律意义上,哪个企业拥有数据的所有权、经营权和使用权等。数权需要明确相应的权利和责任,包括谁能够创建、读取、修改、复制、共享或删除哪些数据,谁享受数据的哪种收益等。即使企业对外开放或共享数据,在法律保护下,企业仍没有失去所有权、经营权和使用权。在数据资产具有可复制性的不利背景下,数权可以保障数据资产的安全和合法收益。

目前,各国在数权方面都进行了不同程度的探索,数权一般都会依据本国的相关法律和文化进行确定,如美国将个人数据置于传统隐私权的架构下,通过制定各个行业的行业隐私法,形成部门立法+行业自律的体制。2018年5月,《通用数据保护条例》(GDPR)在欧盟正式生效。通过数据立法顶层设计,加强数据主权建设,形成个人数据和非个人数据的二元架构。日本对于数据的原则是自由流通为原则,特殊保护例外。通过设立数据银行以及个人数据商店(PDS)对个人数据进行管理,在获得个人明确授意的前提下,将数据作为资产提供给数据交易市场进行开发和利用。

数权的界定需要记录、验证、跟踪、溯源数据资产的产生、使用、交易、转移的各个过程,可能需要多种包括法律、规范、管理、技术等方法和手段,所以也面临这几个方面的挑战。

2. 数据资产价值评估

数据资产价值评估是数据价值变现,即数据销售、数据交易的基础。数据资产作为一种全新的资产形态,其后又是流动的、可变的数据,因而其价值评估方式比传统资产的价值评估更加困难、更具挑战性,也缺乏先例的参考。首先,并非所有的数据都可视作资产,它首先是能够为企业产生价值的数据资源。数据资源转换为资产后,仍有类别和价值的不同。数据经过深度的加工、交易和流通之后,其价值的评估就更加困难。

目前,数据资产的价值估值方法主要类比无形资产,有成本法、收益法和市场法 3 类。成本法根据数据资产的成本构成,测算数据资产价格,与数据资产价值的重新获取或建立数据资产所需成本紧密挂钩;收益法基于目标数据资产的预期应用场景,通过预期经济效益折现,反映数据资产投入使用后的收益能力,要求数据资产收益可预测;市场法适用于市场上具备一定数量且可比的数据资产的估价对象,通过相同或相似数据资产的对比和差异因素的调整,反映目标数据资产市场价值。但由于数据可以应用于不同的场景,其来源及构成、加工方法也有很大的不同,因此在实际使用这些方法时,也都有难以适用的情况。

3. 数据资产交易

我国自 2014 年以来,就出现了一批数据交易平台和数据交易机构,包括贵阳大数据交易所、东湖大数据交易所、长江大数据交易中心、中关村大数据交易平台等。近年来又先后成立了上海数据交易所、北京数据交易所、深圳数据交易所等国家级的数据交易平台,力图完善数据交易配套制度,针对数据交易全过程提供一系列制度规范,涵盖从数据交易所、数据交易主体到数据交易生态体系的各类办法、规范、指引及标准,让数据流通交易有规可循、有章可依。

数据交易产业链的参与方包括数据供应方、数据需求方、平台运营方和行业监管方。数据交易的模式也从早期的平台中介撮合,逐步过渡到数据产品、数据服务等全方位配套的交易及服务模式。随着整个数据交易行业的发展及规模的增长,交易将形成更深的行业渗透和更广的行业应用范围。可以预见到数据的交易模式的演进,将会出现交易模式的细分,同时也会涌现出一些混合模式和混合业态。同样,就像传统的商品交易市场的演进一样,也会出现交易代理、交易中介机构,同时,基于数据产品和数据服务的衍生市场,如期货、期权等二级乃至三级市场都会逐步发展出来,会有一个欣欣向荣的数据交易生态的形成。而与其紧密相关的政策支持、法律法规、行业监管、数据开放和共享、交易模式和方法的演进、数据价值的深度发掘都是不断进化的主题和挑战。

4. 数据资产安全

数据资产管理的目的是保障数据资产安全,数据交易的前提也是数据资产的安全。当前数据资产安全面临多方面的挑战,主要原因为法律法规不健全、市场缺乏信任机制、市场参与方众多、缺乏完善的数据资产管理手段及技术等。一方面,对于数据的隐私及安全的法律法规都还在制定和实施过程中;另一方面,数据又需要在市场有效地流通。数据所有者、数据交易中介、技术服务方等都可能会私下复制并对外共享交易数据,数据使用者不遵守协议要求,私自留存、复制甚至转卖数据的现象也普遍存在,数据交易中心的平台及交易系统存在安全隐患,这些问题都有可能出现。

按照国家或机构的法律法规及行业监管要求,通过评估数据资产安全风险,制定管理制度规范保证数据资产安全,建立良性互动的数据交易生态体系势在必行。面对复杂的数据资产管理、交易及流通环境,亟须建立包括政府、监管机构、社会组织等多方参与的、法律法规和技术标准多要素协同的、覆盖数据资产交易流通全过程和数据全生命周期管理的数据资产管理及监管生态体系。

5.3 数据要素流通及市场化配置

5.3.1 数据要素化

在数字经济时代,数据的一个根本特性是它的生产要素性。数据之所以能起到革命性和颠覆性的作用,最根本原因就是数据成为一种新型生产要素。数据由于本身所附带或隐含的价值,被类比为新时代的石油、黄金,而且被正式认同为"一种与资本与劳动力并列的新的生产要素"。也就是说,数据不仅对生产过程中形成产品和产生价值起着重要的作用,其本身更是作为像资本和劳动力这样的生产要素,是产品生产中不可或缺的元素,也是最终产品中不可分割的一部分。

生产要素有劳动力、资本以及土地等自然资源。传统的生产方式是通过劳动力加工自然资源,把它们变成产品进行销售,在其中产生增值。当数据成为一种生产要素加入生产过程时,可以完全替代其他原有生产要素,或是改变原有要素的构成比例。一个简单的例子就是自动驾驶,通过学习和掌握人类的驾驶行为,使用传感器和基于人工智能的自动驾驶软件,可以完全替代最有经验的司机,在这里不再需要司机这一劳动力要素了,这样就整个颠覆了出租车行业和驾驶行业。再如互联网金融,在缺乏数据的情况下,一个传统的银行要放贷的话,需要对贷款的企业进行线下调查,如经营状况、员工数量、固定资产、有没有资产抵押等,再进行各种各样的分析,可能需要一个多月才能放一笔贷款,即使这样也不能保障这个企业可以顺利还款。而通过电商平台上面的数据,可以了解商户所有的业务、资金周转、信用等情况,放贷只需要几分钟甚至更短的时间,大幅地节约放贷成本和周期,这就是数据成为生产要素,不需要那么多的时间、那么多的人力以及资金成本来决定是否放贷。传统银行很难与这种新兴的基于数据做征信和风控的新型互联网银行竞争,面临被淘汰出局的危险。数据作为新的生产要素,正在变革全行业的格局。

当前,数字经济的发展核心就是数据价值的发挥。数据作为数字经济建设的关键要素,将对其他生产要素产生替代或是倍增效用,为经济转型发展提供新动力。数据要素化该如何实现?如前所述,第一是数据的资源化,涉及原始数据的获取以及数据后期的加工组织,构建数据价值释放的潜力。当前,数据作为基础性、战略性资源已经得到广泛共识。第二是数据的资产化,数据变成可直接变现的产品、商品和服务,使得数据价值可以度量、可以交换和交易。第三在资产化的基础上实现资本化,数据资本化就是把数据作为一种金融资产,可以用于借贷、抵押、融资等,数据资本化使数据由货币性资产向可增值的金融性资产转换。以此让数据要素价值得以全面发挥和释放,并创造巨大的新价值。

5.3.2 数据要素流通

如上所述,数据生产要素化之后,需要流通和交易才能实现其价值,并在此过程中可能创造出新的价值。数据要素流通的全过程非常复杂,包含有多达十几个不同的阶段,可以大体上分为 3 个阶段。

第一阶段包含数据确权、数据加密、数据存储、数据水印。这个阶段首先是确定和保障数据的原始权属及数据安全,所以在确权的基础上,还需对数据进行加密,并做好数据的存储及备份管理。另外,为了在数据的使用过程中能够进行追踪、溯源和防止泄露及滥用,还需要一定的数据水印及溯源跟踪技术。

第二阶段包含数据授权、数据评估、数据定价、数据分析、数据融合、数据交换、数据交易,这一阶段构成了数据要素流转、交易及数据要素市场的基础,数据在有效的授权及托管体系下,可以经过分析、加工及融合,再经过交换,流通到数据的需求方及消费方手中,在此过程中还可以进行评估、定价、撮合、交易,实现有效的价值分配。数据的分析、加工、融合、交换的过程能够以多种方式进行组合,这个过程还能形成迭代。如医疗数据,经过一些数据源的初步融合之后,需要多个分析、加工过程的迭代,其间再融合进其他数据源及加工过的数据,最后才能形成产生很大商业价值的医疗数据产品,其中的交换及交易过程也会非常的复杂。

第三阶段包含数据的应用及数据血缘。这一阶段是数据的最终应用及价值体现。数据可以应用在各个行业及产业体系中,与应用结合产生价值。数据血缘是一个专有名词,可以从数据的最终应用及价值体现中回溯到原始数据及所有加工的过程,分析哪些原始数据产生了最终的应用价值,也能够依据整个过程对数据的价值构成及价值分配提供有效的参考,促成合理的评估定价体系及价值分配体系。

数据要素的流转在数字经济时代是一个创新前沿的领域。尽管大家都在探索,但由于它所涉及的参与方及流程的复杂性,目前还没有完整系统的解决方案及最佳实践指南。在数据应用场景不断发展、不断扩大的未来,可以逐步将这个领域的流程、规范、标准及相关体系建设并完善起来。

5.3.3 数据要素市场化配置

数据要素的市场化,首先是对数据要素确定其原始的权属,并对数据要素使用的全过程进行确权、存证、跟踪、溯源、管理,在保障数据的安全及隐私的基础上,促进数据要素的流转,同时还能建立多方参与的价值分配体系,整体上明确数据的责、权、利,实现有效的数据要素市场配置,最大限度地发掘数字要素的市场价值。

随着数据资产化发展,数据要素的价值得到不断的开发和拓展,数据要素市场也逐步形成了数据交易主体、数据交易媒介、数据交易监管的市场格局。前面也强调过,数据资产确权是数据要素市场培育和发展的重点和难点。数据权属问题是数据流通、交易的核心问题,数据权属不确定,导致数据流通、交易、使用不能被规范化,相关主体的权责不清,数据市场价值开发处于灰色领域,数据监管困难,成本增加。因违法成本较低,个人信息在黑市上低价售卖、隐私泄露问题等数据违法行为频发。

数据产权制度的建设和完善,对于数据要素权益分配制度的建设具有重要的意义,如确立数据资产的所有权,事实上是明确了数据要素收益的所有权归属问题。除此之外,数据的管理权、转让权、使用权、知情权等事实上都明确了数据在不同经济活动、不同环节的权益合法性和归属问题。

需要指出的是,若要明晰数据权益的所属关系,关键在于做好数据权利分割、数据分类和数据分级,并根据数据的类型、数据的特性,分级、有区别地进行精准化管理,对于重要的、安全要求高的国家数据或者企业数据,可以不公开不共享。对于较重要的、安全要求较高的数据,可以有条件地共享和开放,采用隐私计算或区块链技术,实现数据"可用不可见""可算不可识",而对于那些具有公用特性的数据可以采用数据集或者 API(应用程序接口)的形式开放共享。

在明确好数据要素的责、权、利之后,数据要素的市场化配置,重点在于建立公平、高效的数据流通及收益分配体系,促使数据要素朝着最能产生市场价值、最符合市场需求的产业及方向流动,避免出现数据浪费、数据无效流转、数据垄断、数据效益分配不均等不良现象。要建立体现效率、促进公平的数据要素收益分配体系,一方面需要加强数字信息基础设施建设,开放竞争有序的数据要素市场,加强数据交易和管理平台建设,促进数据要素在地区、行业、企业、部门之间的流通;另一方面,需要培养多元数据要素市场主体,创新数据要素的商业模式、交易模式、评估定价模式、收益分配模式,推动数据要素的价值开发。

此外,还需创新数据要素流通技术和手段,加强数据技术人才队伍建设,促进隐私计算、区块链、差分隐私、数据标识等数据安全技术在数据交易和流通中的应用,推广"数据可算不可识""数据可用不可见"模式,利用技术手段保障数据交易和流通的安全性。

通过所有这些体系、手段和方式的结合,最终能够看到数据要素发挥其最大的生产力价值,促进全球和全社会的数字经济建设及发展。

第6章

企业数据管理面临的难题

在管理数据这个最具价值的资源方面,成功的企业必须有强大的数据管理和运营能力。随着大数据时代的到来,数据管理对于企业发展有着重要的作用。从某种程度上来说,大数据赋予了企业更多的发展机遇,在具体的管理过程中,企业需要正确应用大数据,重视大数据给企业带来的优势,促进企业内部体系进行更好的管理,提高管理效率,为企业的可持续发展打好基础。

企业要从数据层面入手,做好数据整体工作,有效推动企业发展。作为企业的领导人员,要正确认识到大数据的重要性,提高对大数据的关注度,注重数据管理人员能力的培养和提升,让他们能够更好地管理企业。现代化进程的加快,对企业各方面的要求越来越高,企业管理者要加强自身水平的提升,做好多方面的衔接工作,满足社会发展需求,与社会标准贴合,对大数据能够灵活应用,改变企业传统管理模式。除此之外,在数据管理中,还要兼顾各方面影响因素,做好相关协调工作,合理利用大数据进行企业管理决策的制定,更好地帮助企业发展。

据希捷科技和 IDC 预测,在可用的企业数据中,仅 32% 被投入使用,剩余的 68% 并未得到利用。将数据投入使用的 5 大阻力分别来自:①将采集的数据变为可用;②已采集数据的存储管理;③确保需要的数据得到采集;④确保采集数据的安全;⑤将采集的数据孤岛变为可用。

现代数据管理解决方案应着重解决这些挑战,以便为企业和客户提供最有效的体验,同时帮助企业降低无法利用的数据所占的比例。本章便从这 5 个阻力来探寻企业该如何革新数据管理方式。

6.1　将采集的数据变为可用

在数据化时代,对企业而言,大量具有高可用性的数据具备巨大的潜在价值,被称为"数字时代的新石油"或"阳光"。我国也公开提出，将数据作为一种生产要素按贡献参与分配，这表明数据可以同传统生产要素一样，创造价值并产生收益。

6.1.1　数据的价值

数据到底如何创造价值？从人类社会发展的角度来剖析，只有认识到不确定性时，才能真正理解数字化。

对不确定性的恐惧是人类认知的重要动力，人类社会的发展史就是一部应对不确定性、寻求确定性的历史。从远古到现代，人类一直在努力提高认识世界的水平，以观察世界、理解规律、指导实践来解释过去、阐明现在、预测未来，终极目的在于提升认知水平，提高驾驭不确定性的能力。数据作为新的生产要素，其价值在于重建了人类对客观世界理解、预测和控制的新体系新模式。

下面从企业的视角来看数据如何创造价值。企业是一种配置资源的组织，企业竞争的本质就是资源配置效率的竞争。如今，企业的需求日益走向碎片化、个性化、场景化、实时化，当走进企业的会议室、生产车间、研发中心、财务室、采购中心或营销部门，就会发现，大家关注的问题是如何缩短一个产品的研发周期、如何提高产量、如何提高设备的使用效率等。所有这些问题其实都可以归结为一个问题，那就是如何提高资源配置效率。

今天企业资源优化配置的科学性、实时性、有效性来自于把正确的数据，在正确的时间，以正确的方式，传递给正确的人和机器，这叫"数据流动的自动化"，其本质是用数据驱动的决策替代经验决策。

对于任何企业来说，数据的价值都涉及许多变量，如创建数据的行业、数据的用途、数据最终是否得到利用以及如何利用。以医疗企业为例，它们创建和管理的各类数据包括患者信息、预约信息、保险和账单、MRI、癌症治疗、运营和财务数据，以及广告数据。

法规要求医院在患者死亡后还要将这些数据保存数年时间,这类数据属于休眠数据,是在未来可能被激活的数据。每个数据集的价值都有所不同,涉及隐私和合规要求的属于需要高度保护的数据。

那么真的能够给这些数据设定一个价值吗?数据的性质使数据本身可能不是为了最终分析数据而收集的。在数据分析之前,可能很难预见哪些见解可以从各种数据源中获得。即使出于某个特定目的收集数据也可以用于许多其他目的,因为这些数据能以新的方式进行组合和分析。而在用于其他目的时,数据能够提炼出具体哪些有用的知识,也存在不确定性。

因此,数据的核心价值在于信息。对于企业数据而言,其真正价值并不在于可供计算机识别的代码本身,而在于这一系列字符串背后所反映出的信息。正如经过不同市场经济主体的加工与处理活动,同一来源的数据因为构成不同行业的信息资源,可以被赋予多元的使用价值。数据的价值在于承载内容,信息构成数据价值的核心。

数据的价值在很大程度上取决于能够从数据中获得的知识和见解,取决于所使用的应用场景和分析方法,使用者的目的、知识、能力、私有信息、已有数据资产等不同,会导致同样的数据资产对不同买方的价值差异很大,这使得实践中很难找到一种对数据进行公允估值的评估方法。

但毋庸置疑的是,每个企业的业务数据中都蕴含着大量价值,最大化释放数据要素的价值是企业战略发展的重点。最大化数据价值可使杂乱、未经组织管理、不可见的、未关联的、使用率过低的数据,变成被规范组织和管理的、可发现的、相互关联的和可重用的形态,可将其中隐含的更宏观、更完整、更有意义的信息发掘出来,为企业创造更大的价值。

如何凸显数据价值?很多企业的科研数据都具有重大科学价

值,应当被妥善保留。某些科研数据由于缺乏组织和利用,正逐渐"失去价值",而长期保存不断增长的科研数据会导致物质、人力及财力等成本逐年上升,这促使人们思考如何缓解双方的失衡。因此,在保留数据内容、性质和形式的基础上,使现有数据创造更多价值的思路是应该思考的问题之一。

元数据可以揭示数据的结构和规律,描述数据的属性和特点,而且,经过元数据著录的数据资源也更容易控制、组织和管理。因此,元数据可以作为数据价值提升的工具。除此之外,对数据进行标准化描述可以使数据具有可控性和一致性。而通过标识符、属性描述、关系描述、引用数据、元数据等建立的知识关联和推荐,即一系列新数据,例如索引、摘要和模型等,都有望提升数据价值。

6.1.2　数据流失

对于企业来说,数据的保存和保全首先就是一个很难的问题。数据的管理复杂度高、风险大,各行各业的数据保全面临着成本高、价值密度低、保护政策缺失等重大问题。

不仅是企业,很多类似图书馆、博物馆、艺术馆等社会公共机构在数据保全方面也存在重大缺陷,运营过程中会出现数据流失现象,从而造成管理的不完善以及数据无法追溯等相关问题。

数据保全就是对数据进行整理、加密,使其不随时间变化而流失,可以供后续分析使用。国外对数据保全的话题逐年递增,但是国内却很少有人能够意识到数据保全的重要性。数据保全可以为企业的决策、发展方向、数据追溯等提供重要的科学依据。另外,数据保全对未来回顾如今发展现状以及过程从而提出新的发展方向、追溯最早的数据来源等方面具有极其重要的研究价值。

数据流失的原因有很多,如管理人员对数据缺乏敏感度、需要引起注意的数据被忽视、对关键信息的提取缺乏经验等。且企业人员的流动、换岗也会导致数据流失,未及时做数据的备份管理也属于人为因素之一。还有技术性流失,这属于客观的原因,一般是由相关设备不完善导致的。如数据的更新滞后,或者收集数据的精度不高,都会使数据丢失其本身价值。数据传输中,通信渠道缺乏可靠性、存储设备上没有足够空间,这些都是不足以支撑数据合理保存下来的原因所在。

也有很多企业纷纷表示,它们的业务数据没有全部被使用或激活,尽管它们意识到数据是具备价值的,但是这个价值却常常流失掉。即使数据越来越多地被用于开发新的运营收入,改善客户体验和提高运营效率,数据仍然是一种被低估的无形资产,不会体现在资产负债表里。

面对不同类型的数据流失问题,缓解数据流失、促使数据价值显现的实质是使数据具有结构、可发现、可使用和可分析,其中,组织与管理工作需要一定的权责主体和特定的解决方案,以尽可能低的人力和经济成本"变废为宝",实现让"沉默的数据"显现价值、外溢价值,最终衍生价值的转变。

6.1.3 激活采集的数据

在当前大数据时代,不应把数据仅看作所谓"大"的数据,它们更应该是"活"的数据。因为只有激活,数据才有生命,才有社会属性,才能成为企业赖以生存与发展的土壤和空气。一面是数据量的急速膨胀;另一面是对数据存储、分析及应用的空前需求,企业如何驾驭海量数据的爆发,并将海量数据转换为真正的业务价值是亟待解决的问题。

国家对数据的政策支持程度不断增强,"十四五"规划纲要中便提出,发展数据要素市场,激活数据要素潜能。之后的《"十四五"数字经济发展规划》也进一步提出到 2025 年初步建立数据要素市场体系,并对充分发挥数据要素价值做出重要部署。数据要素化赋予了数据进行市场交换的合法性,可以加速数据要素在不同场景、平台、组织之间的跨界自由流通,进而充分释放数据价值。新时期的企业数字化转型具有显著的数据化特征,数据要素只有经过深度开发和利用,其潜在价值才能被激活。

激活数据或者说发挥数据的作用,必须从采集数据开始。企业必须能够采集正确的数据,进而予以识别,存储在需要的地方,并以适当的方式提供给决策者。

物联网应用的发展带来数据的指数级增长,企业当前无法采集所有可用的数据,否则 IT 基础设施负担将会过重,并有可能发生不必要的成本。通常,只有边缘应用才知道需要采集什么数据、需要对数据进行什么操作、哪些数据可以暂时忽略,因此很多决策工作必须在靠近数据创建的位置进行。但是新型的集中式数据管理提取应用可以利用人工智能和机器学习对上述情况做出判断。这些程序通常可以识别敏感数据,如个人身份信息、个人健康信息、信用卡号等,并自动屏蔽以防未经授权的人员查看,还降低数据侵权或意外泄露的概率。

企业可通过构建大数据基础设施来激发数据潜力,驱动企业向智能化飞跃。当前,大部分企业正在以大数据实现业务洞察到业务决策,由流程驱动加速转向数据驱动,实现这一转型的关键是搭建数据中台。数据中台是提供从数据采集到治理再到决策等一系列以数据为核心的能力平台。

目前正面临数据巨量化、多样化及服务化的挑战,这也是搭建数据管理平台所面临的技术挑战。所以企业需要具备汇聚原生数据、结果数据、内容数据和过程数据的能力,再由人工智能技术驱动,才能够成功搭建大数据基础设施,释放企业潜在数据的价值。

6.2　已采集数据的存储管理

存储管理已经成为企业发展中的一项关键挑战。据相关调查显示,93％的企业高管都抱怨存储管理的难题阻碍了他们的数字化转型。那在这个数据以前所未有的增长速度爆发的时代,企业如何管理已采集的所有数据,才能够充分发掘其价值,同时满足客户的需求?

本节介绍解决企业所面临的数据难题的重要解决方案:数据运营(DataOps)。数据运营将对数据的集成和面向过程的观点与敏捷软件工程的自动化和方法相结合,以提高质量、速度和协作。在我国以及全球的业务环境中,数据运营是数据存储管理中缺失的一环。

6.2.1　数据运营的概念

数据运营是将数据创建者与数据使用者进行连接的重要环节,数据运营应该是每一个成功的数据管理策略的重要组成部分。

在各个地区和行业,很少有企业全面实施数据运营,数据运营的机会有待发掘。数据运营不单纯是技术或者流程,而是将数据创建者与数据使用者联系起来,以实现协作和加速创新的一种新方法。

数据运营是做什么的? 是不是基于数据的运营,一切跟着数据来,分析一堆表格,还是说要研究高深的工具,像 Python、数据库之类的? 可能普遍理解的数据运营更偏向数据分析层面,实际上,数据运营包括数据收集、数据分析、决策支持 3 个环节。

数据运营可以按照不同的维度对不同企业面向的用户进行分

层,从而为运营决策提供支持。随着互联网发展的提速,数据作为精准运营的决策依据也越来越重要。因为企业逐渐摒弃过去的流量思维,更看重精准流量。如在市场中,销售类企业会针对购买其产品的用户,将其按不同行为划分出不同梯度,区分为核心用户、重要用户、普通用户、潜在用户,再进行分层管理,这些都需要数据运营来解决。

数据运营特别适合于人工智能应用所需的迭代学习方法。这种方法与传统的数据分析方法刚好相反。传统的数据分析是提出问题然后寻求答案,而数据运营则是进行数据关联然后寻求洞察。举例来说,数据显示消费者同时购买了看似无关的产品,因此可以改善商品促销或产品陈列方式。或者数据揭示了某些人群的消费趋势,可以依此开展有针对性的微营销活动。

数据运营是数据分析的集合与应用,也是数据先行的战略。它不仅是运营人员的工作,也是产品、市场和研发的共同愿景。

6.2.2　数据运营技术和工具

数据运营结合其他数据管理解决方案使用能够显著改善业务效果,包括提高客户忠诚度、收入、利润以及其他许多方面。数据运营可以利用技术,尤其是人工智能和机器学习等,将源于核心、云和边缘的数据建立关联。数据运营还可以利用 ETL 数据摄取功能从多种数据源中抽取数据,并加载至通用基础设施。在将数据转换为决策者所需信息的过程中,人工智能发挥着关键作用。

企业生产一个产品可能需要收集大约 10 000 个入口点参数。如果企业仅仅为了一个产品就保留这么多信息,而没有一个清晰的数据架构来定义所有信息的存储位置以及它们在不同环境间的流动方式,这些数据就有可能被淹没在数据沼泽中。决策者必须与产品设计工程师和质量工程师协商,并提出问题:在这 10 000

个参数中,哪些参数最为关键?然后,通过技术和工具查询和跟踪所选的数据,决策者就能够更加有效地构建组件和解决方案。

实现数据管理所采用的工具或应用的方法有备份/恢复、容器编排、政策管理、数据发现、数据分类、元数据管理、恢复编排、数据迁移、数据分层等。企业或许有必要在某些系统层面使用特定产品,但它们必须具备统一的数据管理能力。数据运营是将不同的数据系统引入一个易于理解的实体。数据运营所需的核心功能包括元数据管理、数据分类和政策管理。摄取数据时,元数据管理功能根据数据的特征对数据进行关联和管理,元数据加上数据分类功能有助于识别具体的数据。数据分类之后,可以开发人工智能算法以自动识别数据并建立关联。

数据管理的前期工作包括协调、讨论、分析、语言协议和数据分类,随后由虚拟化工具所驱动的高度自动化下游流程完成工作。数据运营的这种双重流程可以提升客户满意度,因为优化数据的治理和流动可以提高产品质量,从而直接影响到客户的采购体验。

企业从着手提高客户满意度和利润开始,通过数据运营来优化数据,最终实现目标,这就是完整流程。越快得到结果,客户的满意度就越高,因为更快地获得数据意味着客户和企业可以更快地做出决策。

6.2.3 数据运营思维

关于企业中如何进行数据运营,具体的技巧和方法很多,本书主要让读者了解这个思维,实际工作中,还有很多方法等待继续挖掘。

如集中性运营的策略,活动、内容推送、营销、用户关系维护这些方式如果针对所有的用户,是对运营资源的浪费。企业不可能通过一种方式满足所有的客户,也不可能用一种方式做到最好,毕竟客户间是有差异的。所以需要更精细的运营，找出关键客户，对最适合的客户在最恰当的时机采取最合适的手段以产生最大的价值。

之前企业常用的传统运营方式是根据已经发生的事，例如销量是多少，再看接下来怎么做。但是这在日益严酷的商业竞争环境中远远不够，数据运营才能够预测未来。这是机器学习的领域，通过数据建模以获得概率性的预测，预测用户是否会流失、是否喜欢这个商品、新上线的系列是否有所偏好等。

数据运营最终也是要面向客户的。数据收集得再多，运营做得再好，如果不将它们传递给客户，也是无用功。在客户与产品交互的过程中，客户会给予直接反馈，形成点击率、购买率等指标，这些就是数据运营的直接结果体现。企业可以根据这些反馈后的数据，再进行优化和改进。

但是，数据运营也不是企业运营的灵丹妙药。需要客观承认，公司体量越大，数据运营所能发挥的效果越好。在中小企业或者一些初创公司，这样的运营方式会受到一定的限制，如缺乏技术支持、提升效果不够明显或数据体量小等原因，还是要以解决企业的当下问题为首要依据。

6.3　确保需要的数据得到采集

"九层之台，起于累土。"在形成一套可被洞察的数据之前，数据采集是最基础也是最关键的步骤。只有数据采得准，这个洞察结果才能在做商业决策时提供帮助；否则将适得其反，再漂亮的数据分析也带不来实际的效果。

尽管大数据对企业的生产经营起到了显著的提质增效作用，但不同类型企业处于大数据应用的不同阶段，部分服务业与大数据融合程度较高,如电商平台类企业。但相较于服务业,农业和制造业在大数据技术应用上尚处于发展前期,它们在生产经营中所采集的数据在来源和结构上更为复杂,面临着采集不全面、数据开发应用不足等问题。

6.3.1　了解自己的需求

数据需求是数据生产的原点,它驱动着数据产生、获取、存储和使用。企业可以收集大量数据,但是如果不了解想要从中获取什么,就很难实现基本的运营目标。

企业领导者在采取措施更好地管理数据之前,必须先了解自己的数据。遗憾的是,大多数企业往往只是收集数据,然后将它们悉数抛进大型存储库。如果只是这样大量收集数据,企业领导者就很难真正理解数据,不了解自己公司的数据,他们就不知道需要收集什么数据,以及从中获取哪些智能信息。所以,企业领导者的首要任务就是明确他们为什么要收集数据,以及他们期待从这些数据中获得哪些洞察。只有弄清楚了这些,他们才会有明确的目标,而不是一股脑全都收集下来。

很多时候,大家会说"先把数据采起来再说",至于这个数据能干什么,那是以后的事情,先让数据不要流失、浪费。但是如果不知道数据的用途,那么怎么知道你采集的数据是对的?如果采集了一大堆数据,在用的时候发现少了一个数据不能用于分析工艺对能耗的影响,那岂非所有采集的数据就没有用了?

企业在采集数据时,除了要清楚采集什么数据,还应知道采集数据做什么用。这个问题不是一个单纯的技术问题,而关联到公司的运营管理,如果能够达到较高的数据精准化管理,这个问题还好解决一些。如果数据运营水平一般,可能会出现拿到委托第三方系统集成商采集的数据后,却不知道如何使用,这也是企业数字化经营中常见的问题。

收集数据很容易，获取数据智能却很难。要想聪明地收集和分类数据，企业就必须解决好各种挑战，例如重合工具、数据复杂性、数据整合、确保适当的数据相关性等。收集数据的工作必须围绕企业目标开展，也就是要知道企业希望了解什么信息，有什么需求。这一点必须搞清楚，否则积累再多的数据也无法提供预期的价值。

6.3.2　采集正确的数据

在真正的实践中，很多企业会发现，采集的基础数据难以转换为高质量的可用的数据，无法与最初的需求相匹配。

企业常见的问题有被采集的基础数据的质量与应用需求不匹配。数据的唯一性要求无法满足，数据被多源头重复采集现象时有发生。如企业各部门多头重复向客户提任务、要文档，文档涉及的信息其实没有太大差别，但工作人员不得不反复修改格式，重新整理文字，就增加了没必要的工作量。同类数据，一次采集，多次调用，才是企业在采集数据中应该有的目标。

另外，采集的数据应满足完整性的要求。如果采集的信息不全面，会导致数据的缺失，使之成为业务运营过程中的短板，需要大量的后续工作进行弥补。企业还应注意数据的精确性与一致性，如果企业各部门采集数据的具体项目、具体标准存在差异，导致采集到的数据无法迅速标准化并产生规模效应。所以，只有被采集的数据满足了唯一性、完整性、精确性、一致性的要求，才可以称得上是有较高的质量。

采集的基础数据有可能因为采集权限出现问题，这属于企业工作人员的协调问题。有了突发事件，一个企业还能够有条理地进行数据采集是很不容易的。如果还按照通常情况下的权责划分进行数据采集,容易导致数据采集不全,或者数据采集重复。另外,企业应设立统一的数据采集填报平台。各部门各自为政,采集的大量数据难以在内部实现协调,也难以发挥规模效应。当有突发事件,又产生了新的数据采集需求时,相应部门也无法做出迅速反应,实现与已有数据的匹配对接,徒增了数据采集的难度。所以,企业应该优化采集数据的流程,确定由谁采集、如何汇总、统一报送等,才能更加高效地为数据场景提供优质的信息保障。

采集数据就像做实验,必须一边做实验,一边思考实验结果,不能只会机械地收集数据。一个成功的企业不仅要用手和眼睛"做实验",更要用心去"做研究"。

6.4　确保采集数据的安全

公共数据、社会数据涉及国家与社会的信息安全,企业数据涉及商业秘密,个人数据涉及个人隐私保护,任何数据管理都必须将数据安全作为基本话题和最优先解决的问题。

伴随着云计算、大数据、移动互联网等技术的广泛应用,越来越多的企业开始追求云计算、大数据、移动互联网等新技术的应用和开发,但对于自身内部的网络安全防护没有足够的重视,造成企业网络安全状况时有发生。所以如今很多企业面临着大量的数据安全风险,中小企业面临的数据安全风险更为严峻。

6.4.1　威胁数据安全的情形

数据安全可分为物理、人员、程序与技术 4 个维度,经典的数据安全需求是数据机密性、完整性和可用性等,其目的是防止数据在传输、存储等环节中被泄露或破坏。如数据泄露会给企业带来直接的经济损失、巨额监管罚款、声誉损失、客户流失等问题；恶意软件攻击可能会导致企业机密泄露、员工工作效率下降、数据不可恢复等；如果是勒索软件，那么还会造成经济损失。

数据机密性意味着一个安全系统仅允许个人看到其可以看到的数据，包括保证数据通信的隐私、实现敏感数据的安全存储、能够验证有效的用户和实施粒度访问控制。数据完整性是指数据的一致性、正确性、有效性和相容性，意味着数据存储在数据库中或通过网络传输数据时，能够得到保护而不被删除和损坏。数据可用性意味着一个安全系统授权用户可以不受延迟地访问数据。

由于数据或信息是现代企业的核心资产，其机密性、完整性和可用性是任何企业长期生存的基础，因此任何企业除非采取全面和系统的办法来保护其数据或信息的机密性、完整性和可用性，否则它们将容易受到各种可能的威胁。这包括威胁数据安全的多种情形，如硬盘驱动器损坏、人为错误或操作失误、黑客入侵、病毒感染、信息窃取、自然灾害、电源故障、磁干扰等。

在这里，澄清和纠正过去一些关于数据安全的"神话"：是黑客造成了大多数的安全漏洞吗？答案是否定的。事实上，80％的数据损失是由企业内部人士造成的。加密就确保数据安全万无一失了吗？答案是否定的。加密只是保护数据的一种方法，安全性还需要访问控制、数据完整性、系统可用性和审核等多重保障。安装了防火墙就万事大吉了吗？据调查显示，40％的互联网入侵事件都是在设置了防火墙的情况下发生的。

企业对网络边界的防护措施日益完善，但针对企业内网中的防护措施还存在问题，企业员工对安全风险意识不足，许多员工为了工作方便，使用简单口令或默认口令登录应用系统，给企业的安全运维造成很大压力。

企业随着业务的增长，资产数量也在疯狂地增长，外部漏洞披露逐年增多，导致企业漏洞数量也随之增多，漏洞修复的速度远远达不到漏洞产生的速度,就会导致漏洞逐年积压,形成企业漏洞管理顽疾。部分企业内部虽然建立漏洞管理机制,但是漏洞管理很重要的一部分是流程管理环节,其中会涉及企业内部各个部门的协调工作,针对企业漏洞管理人员职责不明确,缺乏监督执行,导致企业漏洞管理沦为纸上谈兵。同时漏洞修复工作涉及资产范围广,部分漏洞修复工作对技术要求高,运维人员修复难度大,需要更有效、更权威的漏洞解决方案来指导运维人员进行漏洞修复,依靠传统的技术很难完全覆盖所有的漏洞修复解决方案。

网络病毒数量种类繁多,病毒很容易通过互联网、U盘、运维终端或其他途径进入企业内部服务器,造成企业内部网络拥塞、系统崩溃、业务中断等情况。许多中小企业的网络结构简单,有的只在网络边界部署一台防火墙,服务器普遍未安装杀毒软件等防护产品,一旦遭遇网络病毒入侵,无法有效进行防御,对企业应用系统和业务数据都会造成重大影响。

除此之外,多数企业对远程访问工具没有进行严格的检查和审批流程,无法对远程访问工具的使用情况进行有效监控,无法保证使用远程访问工具的是企业的运维人员,有可能是企业原来的员工或网络犯罪分子。

所以企业需要建立一套安全管理体系,许多企业制定的安全管理制度并不全面,有的安全管理制度过于细化、量化,缺乏可操作性,制度执行起来难度很大。有的企业制定了安全管理制度,只是为了应付检查,并未对安全管理制度进行严格落实。

6.4.2　加强企业数据管理工作的措施

针对威胁数据安全的各种情形,企业的数据安全防护能力也需要面面俱到,避免业务数据遭受安全攻击,企业领导者和员工都应致力于加强企业数据安全管理工作。

有人认为企业数据安全的最大难题是技术,这是最大的误解。企业数据安全的挑战在于如何根据风险对数据进行分类,以及如何存储和保护数据。与数据运营一样,数据安全问题也属于人为因素。企业领导要重视数据安全工作的开展。企业经营过程中,会产生大量的数据信息,这些数据具有一定的规模性,为了更好地开展网络管理工作,要加强对数据的安全防护力度,保障数据安全性。

企业应重视企业内部网络(简称内网)安全的威胁,内网安全威胁主要来源于企业内部员工或设备,攻击者一般会先控制企业内部的一台服务器或终端,然后以此为跳板,对内网中其他服务器和终端发起恶意攻击。因此,企业应该在网络边界加强恶意攻击的防护措施,同时加强内网防范和检查措施。

还应该对企业内的重要资源重点保护,如果一个部署了上千台设备的企业期望每台设备的安全策略和补丁更新都处于最新安全状态,这是非常不现实的。首先要对企业服务器做评估分析,然后对企业内网中每台服务器进行安全检查、修补和强化工作,找出重要的服务器并进行限制管理。这样就能迅速、准确地确定企业最重要的资产,并做好在企业内网的定位和权限限制管理工作。

企业需要根据企业自身实际需要,制定一整套可实施、可考核的数据资产安全管理体系,明确数据安全管理的各个环节和流程。企业领导层需要对安全管理体系高度重视,明确安全管理体系的责任人,使之能够在企业运营过程中落实到企业活动的各个环节,同时不定期向企业员工宣传贯彻数据安全管理制度内容,提高企业员工的数据安全意识。不能等到数据泄露或丢失之后,才认识到数据安全是企业获取数据价值的基础。

从目前的情况来看,企业对于数据的防护很多都是以软件防护为主,结合一些防病毒软件进行巩固预防。数据是企业正常运行的基本,如果企业数据出现泄露的情况,会对企业造成一定的经济损失,在日常运行管理过程中,有些不法分子会通过漏洞或者病毒软件窃取企业信息,这些企业信息都是私密性的,对企业有着重要的作用价值,如果被窃取成功,造成的损失是不可估计的。

也正是基于这种情况,数据管理中要重点关注企业大数据安全建设,做好有序的安全防护工作,在具体防护过程中,结合管理者需求,构建完善的客户资料数据库,为企业运行资料单独制定管理措施,达到一个针对性管理预防的目的。相关人员可以设置信息交流限制和信息传输机制,对于数据信息的访问进行权限限制,最大程度上把控大数据运行安全性,使企业的数据安全得到保障。同时,也要进一步提高企业对于数据的处理效率,如果企业对于数据信息的处理效率过低,那么在市场上就缺乏竞争力,很容易被淘汰,所以要合理引入现代化手段,借助于计算机技术,提高企业数据信息处理效率,更好地推动网络管理工作的开展,保障企业的可持续发展。

6.4.3　数据保护的关键步骤

将数据进行分类是很重要的,但这对很多企业来说,是一项艰巨的任务,需要在整个企业内进行大范围沟通。企业内部的数据创建者、所有者和使用者必须就数据分类标准达成一致,并将按照类型对数据分门别类。没有这个定义和协调的步骤,任何数据保护计划都必将失败。例如希捷科技在内部将数据划定为 4 类:限制级数据、机密数据、内部数据和公开数据,有效地做到了数据分类。

另外,必须了解企业的数据流向何处。无论数据是按照企业原本设计的在流动,还是与计划流向有出入,了解数据流向都是控制数据的重要步骤,有助于识别最大的安全风险领域。

基于角色的访问控制（Role-Based Access Control，RBAC）可能是最基本的访问控制形式，在这种模型中，用户与角色之间、角色与权限之间一般是多对多的关系，但一般都不全面。需要访问的人才可以进行访问，这种想法很容易理解，但是实施和维护起来却比较困难。数据的敏感度越高，实施起来就越严格。

除 RBAC 之外，还有一些其他的控制措施，如通过精细访问控制措施限制某些功能，类似于针对特定资产的打印、编辑、复制/粘贴等，实施文件级加密的信息权限管理控制，以及一些其他访问机制，类似仅限浏览器访问、禁止下载、添加水印等，可避免屏幕截图或获取。

还有一些防范数据风险的必备的数据安全措施。对于动态数据来说，至少对所有远程访问仅采用安全协议和服务，例如 HTTPS over HTTP、SFTP over FTP、IPSec 和 SSL VPN。做到这一点并不难，仅采用使用安全通信的工具对它们进行正确配置，逐渐形成为一种标准，要求企业在合规情况下必须使用就可以了。

静态数据也要加密。笔记本计算机这样的移动设备面临的风险最大，因为存储阵列和服务器通常放在访问受控的数据中心，一般没人去碰。但企业员工外出时常常带着的笔记本计算机，很容易在路途或使用过程中给摔一下或者碰一下，还有被偷盗的风险，所以移动设备中的数据极易丢失或损坏。那么首先解决最大的风险就是给笔记本计算机进行全盘加密，以及对移动设备管理策略中的移动设备强制执行文件系统加密，尤其是针对涉密必需的关键数据。

要培训员工的数据安全意识。企业最好在员工入职之前，或者定期对所有员工进行一些数据安全风险方面的培训，提高他们的数据安全意识，为企业保障数据的基本安全。

6.5　将采集的数据孤岛变为可用

在如此开放的大数据背景下，很多企业中存在着不容乐观的数据孤岛现象。企业采集有海量的数据，但如果没有充分流通起来，发挥不出来数据的价值，这些数据就失去了实际意义。

6.5.1　什么是数据孤岛

要想解决数据孤岛的问题，实现数据互联互通，首先需要了解什么是数据孤岛。"数据孤岛"一词常与"信息孤岛"交替使用，又可被称为"自动化孤岛"或者"资源孤岛"。它是指在数据及数据集的形成、分析、使用过程中，由于主体能动性、客体技术性以及政策环境、制度建设等不完备形成的不对称、冗余等封闭、半封闭式现象，或是在数据单元中单独存放，不能自动进行信息交换，必须依靠人工手动与外部通信的数据现象。

由于在不同的发展阶段，或职能不同，各企业或者企业的各部门对信息化的要求不一致，因此在建设基础设施和软件方面，它们也各有侧重。而且由于资金和资源的限制，各企业或部门的信息系统并不完全互通。通常，每个企业都对各自的数据有自己的存储和定义方式。各企业或部门的数据就如同一个一个孤岛一般，与其他企业或部门的数据很难交互，这样便形成了数据孤岛问题。

数据孤岛问题是企业现代化管理到了一定阶段一定会出现的问题，是一种供需矛盾。这种矛盾在短期内不解决的话，会成为长期矛盾，进而危害到企业现代化管理的其他方面。

为实现数据互联互通，需要对数据孤岛问题的成因及其弊端有全面的认知，以寻求解决数据孤岛问题的路径。

6.5.2　数据孤岛成因分析

数据孤岛就像企业管理结构中的一个独立岛屿,分散、不集中,无法与整体部门形成合力,降低了部门的工作效率,不能实现数据的价值最大化,部门与部门之间、员工与部门之间、员工与员工之间形成断层,割裂了企业内部应有的交流和融合。

企业各部门、各员工之间如果不能实现有效的沟通和共享,没有形成传输数据的渠道和模式,这种不对称的局面就让企业数据孤立而且封闭地存在着,还会导致企业发展的滞后与缓慢。数据扩张也会造成数据孤岛,如果没有好的方法,管理数据扩张会消耗大量的人力,同时需要购买很多工具。

尤其是大量掌握海量数据的企业,信息资源会在不共享的情况下造成治理效率低下,更严重的情况是形成不共享、不对称下的结构性信息矛盾。结构性矛盾是难以在企业部门或个人自身层面调解的,除了不能依靠有效、便捷的数据分析做出及时、有效的决策预判外,有些甚至会导致各自为政的局面。

不同数据管理平台或系统使用的技术标准存在不统一的问题。由于运行环境、业务流程、数据编码规则等方面的原因,企业内部相同平台或系统在不同时期也会执行不同的标准,导致系统按不同时期的思路和流程实现数据存储,无法形成数据间的有效互联互通。企业各部门间使用的应用软件也不尽相同,存在技术、用户、数据格式、存储方式等方面各不相同的问题,导致数据间无法交流和共享。

数据安全问题也会阻碍数据的互联互通。如企业员工会将数据存储在电子表格等工具中,但如果没有适当地进行数据管理和加密,则会存在一定的数据安全和隐私风险问题。

另外,有一些企业会有"重硬轻软"的认识误区,更多关注于基础设施和硬件环境的开发,没有意识到应用软件和教育资源建设的重要性。尤其是企业在经费有限的情况下,可能会大量投入硬件设备,导致对软实力的投入出现经费不够的现象。搭建软件系统需要不停地迭代和更新完善,一旦面临新的系统产品需求,可能会需要大量资金和人力来维护原有软件系统。许多企业选择直接放弃原有系统产品,转而使用新的产品,由此造成数据资源不断增加,但可利用的有效数据并不多,浪费的数据资源形成了新的数据孤岛,长此以往便是恶性循环。

6.5.3 打通数据孤岛

要解决数据孤岛问题,除了知道成因之外,企业还应制定一些实现数据互通的实现路径。其中的首要问题是企业应整合现有数据内容,掌握数据和数据集的相关内容,了解数据的存放位置以及数据权限等各方面的信息,通过系统集成的方式将数据孤岛连接起来,这是解决数据孤岛问题最直接的方法。

集中式数据管理可以减少数据孤岛,提高利用数据的能力。集中管理政策很重要。最流行的数据集成方式是 ETL,从源系统中提取数据、整合数据并将其加载到目标系统或应用程序中,将异构数据转换为同类数据进行使用。采用多源数据融合的方法,实现多源信息的交叉印证,数据信息相互补偿。

在整合数据的过程中,将原有的数据信息从传统架构向云端进行数字化转型,并建立多元数据融合终端。这种云架构的数据转型可以缓解专有平台带来的数据孤岛问题,多元数据融合也可实现数据共享互通,从一定程度上消减了数据安全和隐私的风险,充分利用了企业已有的数据。

对于企业来说,不仅要消除现有的数据孤岛,更要防止新的数据孤岛产生。因此,企业必须要完善数据管理和治理工作,统一协调数据规划。企业管理者需要统筹考虑部门的使用情况,从多角度出发,做好软件建设规划,建立相关数据统筹管理部门或机构,统一规划数据信息资源。既要在某一部门内做好信息数据统筹规划工作,还要做好部门间、员工间的信息数据协调。

6.5.4　数据湖

从技术趋势上看,近年来,为适应日益复杂的数据环境,加快数据应用部署速度,数据湖(Data Lake)逐渐成为全球企业大数据运营管理的重要趋势和方向。将数据汇聚于数据湖可以消除数据孤岛,还可以把看似无关的数据元素联系起来,从而打造企业的竞争优势。

数据湖的概念由 Pentaho 公司的创始人兼首席技术官 Dixon J 提出:"未经处理和包装的原生状态水库,不同源头的水体源源不断流入数据湖,并为企业带来各种分析、探索的可能性。"其主要技术特点为,数据湖统一汇集和管理各生产系统的数据,提供统一的数据存储和访问服务,能够覆盖广泛的数据源,支持多种计算与处理分析引擎,可以让数据分析和开发人员各取所需,充分发挥数据价值。

数据湖是对企业中所有形式的海量数据进行统一存储的大数据系统。数据湖中的数据包括结构化数据、半结构化数据和非结构化数据。企业都应该拥有一个充满活力的数据湖,不断吸收新的数据,同时把旧数据、过时的数据转移到低成本的存储设备上,使用时方便相互连接,真正解决数据孤岛和数据集成共享的问题。

数据湖是按照生产系统的原生模型存储企业数据,不仅简化了数据的处理过程,保证数据真实可靠,同时能对具有时效性要求的实时应用提供更好的支撑。数据分析部门也可以通过数据湖的标准化接口获取数据,进行自定义的模型转换,更加快速地满足日益多样的分析需求。

数据湖汇聚企业全量数据，对信息安全提出更高的要求。数据湖可以提供统一的目录管理、权限控制、编排调度、追踪溯源等功能，能够有效识别和管控各项数据及其处理过程，促进企业数据质量的持续提升；还可以通过数据分权分域管理、数据访问授权、数据加密脱敏、敏感数据识别、实时风险告警等措施为数据湖各集群提供必要的安全防护与安全事件的溯源保障。

数据湖是技术发展的选择，但可能一些企业在操作落地时会有难度，造成数据湖战略失败的原因有很多。如果数据管理、元数据获取、管理、安全等方面存在问题，或是未能正确围绕一个业务中心正确开展，数据湖就会变成一个毫无用处的数据沼泽。

数据湖的优势是数据可以先作为资产存放起来，问题在于如何把这些数据在业务中利用起来。当一个企业部署了数据湖之后，数据治理问题将会接踵而至，如从数据湖到数据池塘，如何将数据进行分流、池塘的数据如何进行整理等。

总体来看，数据在变化，对数据的认知也在变化，没有企业希望自己的数据湖变成一个数据沼泽。这宝贵的数据资产带来的挑战是要如何更好发挥数据的价值，打破数据孤岛。面向未来，可能数据湖只是开局，更加智能的存储架构有待我们继续挖掘和发现。

第 **7** 章

企业数据全生命周期管理的重中之重

7.1　解决海量存储需求

伴随着数字经济的高速发展,我国的"十四五"规划也对数字经济提出了宏伟的目标,其中包括数字经济在 GDP 的占比将达到10%,规模高达 13 万亿元。面对呈现几何级指数增长的企业数据,从数据中挖掘价值或者实现数据价值最大化的需求,以及数字化时代带来的价值重构,企业需要做的就是存储、管理好海量的数据,时刻筑牢数字经济发展的基石,快速、高效地实现数字化转型。在具体的数字化升级和转型过程中,企业需要通过创新的数字存储技术来提供安全、稳定、高效的数据存储方案,这是一个不小的挑战,但如果能够做好,也就意味着企业已经在叩响时代留给我们的机遇之门。

截止到 2022 年 10 月 23 日,全球人口已经达到约 78.98 亿人,而且还在继续增长。随之而来的是不断增多的消费终端,打印机、智能手机、笔记本计算机、可穿戴设备、游戏装备、智能家电、家庭和企业报警器以及路由器等,都时刻在产生数据;物联网、边缘计算、边缘数据中心、人工智能等技术不断普及和应用;新基建以及"东数西算"的战略性布局,所有这些因素都成为全球数据激增的推手。

根据 IDC 预测,近两年,企业数据预计将以每年 42.2% 的速度增长,并且这个增长速度还在加快。企业存储的数据也同样在增长,2015 年,企业存储的数据总量为 0.8ZB,到 2025 年,企业存储数据总量将达到 9ZB。对于企业管理者来说,想要更好地存储和管理数据,他们首先需要对数据有更全面的了解,其中包括企业的数据来源主要有哪些以及拉动企业数据增长的因素是什么等重要内容,只有企业对自身的数据有非常准确、清晰的了解,才能够制定更为切实可行且有效的数据管理策略。

那么,企业中,拉动存储数据增长的重要因素有哪些呢?

首先,企业数据来源于数据分析的不断增加。在数字经济时代,在每一个企业日常活动和经营中,数据无处不在,每个机构、每个部门每天都会产生很多数据,根据产生的这些数据可以分析出给每个部门下达的任务指标以及检验任务指标是否达成,因此各类数据的汇总、整合、分析、研究对企业的发展规划、决策有着十分重要的作用。当前,无论大企业还是小企业,无论决策大小几乎都会用到数据分析。数据分析已经被这个时代普及和依赖,例如,在企业的业务部分,他们需要通过数据分析来了解哪些产品更受市场欢迎、哪些产品销量上涨或者下降,从而对未来的销售预测、销售布局做出合理规划。在之前沃尔玛的"啤酒与尿布"的数据应用案例中,管理人员在得到分析结果后,就可以将啤酒和尿布放在很近的位置,这样,可以方便买尿布的奶爸顺手拿到啤酒。而对于企业的市场部门来讲,通过对销售数据进行分析,可以更加精准地投放广告,更加合理地把控预算,从而实现成本控制。同时也可以监测并分析竞品的销售状况,以此为公司产品规划提供支持。当然,企业的数据分析还可以应用于企业运营、财务、产品研发等关乎企业发展的各个方面。由此可见,企业数据分析的需求带动了企业数据量的高速增长。

云迁移活动也是当前数据存储需求提升的一个不容忽视的因素。云迁移是指企业将数据从传统的数据存储平台向云平台迁移的行为。随着数据量的增加以及随之而来的管理难题,很多企业选择了向云平台迁移数据,这是因为与传统的应用平台相比,云计算平台的优点在于强大的计算能力、存储能力、多样化且更专业的服务以及高性价比。目前,云迁移主要是从物理机到虚拟机或者是从虚拟机到虚拟机,也就是从用户原有的物理机向云虚拟机迁移,或者从云环境向另一个云环境进行迁移。近年来,在数字化转型的热潮下,云计算正式驶入了快车道,其发展迎来需求爆发期。随着云计算的应用普及,越来越多的企业开始青睐云计算服务。企业在高涨的数据存储和应用需求的刺激下,开始将之前本地的数据中心或者其他存储介质中的数据迁移到云端进行备份或者开展业务,因此,云迁移也是加速数据增长的重要因素。

物联网设备的逐渐普及也是拉动存储数据增长的一个主要因素。物联网设备很多,除了企业中的计算机外,还有工业传感器,例如,制造商可以使用联网传感器设备来收集其工厂设备的数据,并监测装配线的运作情况以及监测是否有潜在问题等。物联网传感器可通过监测设备和特定资源的消耗率来帮助提高操作可见性、维护计划和物流。在智能物流企业,物联网设备更是发挥了非常重要的作用,在运输、仓储、装卸、包装、搬运、流通、加工以及配送等环节都有物联网设备的身影;在农业领域,物联网的应用也同样广泛,如进行地表温度检测、家禽的生活情形记录、农作物灌溉监视情况、土壤酸碱度变化、降水量、空气、风力、氨浓缩量、土壤的酸碱性和土地的湿度等方面,从而可以进行合理的科学分析,为农民在减灾、抗灾、科学种植以及科学养殖等方面提供科学依据,完善农业综合效益;在对安全有着较为严格以及特殊要求的安保领域,物联网技术也可以大显身手,如国家奥运会、世博会重大活动中,RFID(射频识别)技术和物联网应用开发技术的结合为实时掌握人员进出动态及活动范围提供了保障。此外,可以配合电子眼、红外对射、地埋泄漏电缆等多种手段,为赛事以及活动的安全添加一层保障。在当前万物互联的时代,越来越多的领域都在采用物联网设备来提升生产效率以及管理水平。

数据量的扩张和增长,为企业管理者带来了更多的数据管理挑战,企业领导除了要了解大量数据是如何产生、在哪里产生的外,还需要知道数据存储的相关内容,首先企业管理者需要了解和区分两个主要概念:数据增长和数据扩张。数据增长是指数据圈随时间增加的百分比。数据圈是指不断扩张的人类数据维度,无限映射并放大人类生活。数据扩张描述的是这些不断增长的数据在不同配置位置的传输,从终端到边缘再到云端。在了解了数据的产生源之后,企业管理者还有许多其他工作要进行,其中最重要的就是要决定数据存储位置,数据安全、存储和迁移成本、技术支持以及服务水平等都是他们考虑的主要因素。

越来越多的企业选择把本地数据中心的海量数据迁移到云端,数据存储位置的结构也在慢慢发生转变。根据希捷科技发布、IDC 提供调研的《数据新视界》报告,企业数据存储的位置较为复杂,包括内部数据中心、边缘数据中心以及云端等,2022 年,大约 28% 的数据存储在企业内部数据中心,而 20% 存储在第三方数据中心,19% 存储在边缘数据中心或远程位置,25% 存储在云端,还有 8% 存储在其他位置。

根据以上数据,可以看到,海量的数据存储在复杂多变的生态系统,包括多云(多云架构意味着不仅使用公有云,还可能使用私有云。也就是说,企业可能在公有云中存储一部分数据,同时也在自建私有云中存储一部分数据)和边缘中,以各种方式流动并且随着不同领域对于数据应用需求的变化,数据存储的位置也会发生变化,有的企业选择将大部分数据迁移到云端,有的可能更倾向于存储于边缘和私有云中,但这都不是绝对和一成不变的,企业的数据决策在改变,企业数据流动的频率也都是动态的,因此,不同数据存储的位置所占的比例也趋于变化中。数据位置的多样化和复杂性给企业带来了更多的灵活性和选择性,但同时也加剧了企业数据存储和管理的挑战。

值得一提的是,进入 IT 4.0 时代,5G 的光速发展令人瞩目,随着智慧城市以及自动驾驶等技术的进步,物联网的应用使得更多数据能够在网络边缘进行分析和处理,边缘数据生态逐步兴起。自动驾驶、工业互联网、智能家居和智慧城市等倚重边缘的领域再一次引爆了数据的增长。一辆自动驾驶汽车不仅可以从如声呐、照相机、雷达、GPS 和激光雷达等各种传感器接收有关行人和骑车者的信息,还可以与其他汽车、交通灯和其他城市基础设施交换数据,每天可以产生高达 60TB 的数据;智慧城市更是囊括了城市管理的诸多方面,每天创造的数据量更是高达 2.5PB……预计到 2025 年,全球数据量将接近 180ZB。边缘的崛起同样会带来核心数据的增长。IDC 数据显示,平均而言,企业目前定期将大约 36% 的数据从边缘传输到核心。两年后,这一比例将增至 57%。从边缘立即传输到核心的数据量将翻倍,从 8% 增长到 16%。这意味着企业将管理更多的动态数据,也意味着企业将面临空前的数据存储需求。

在管理数据这个最具价值的资源方面,越来越多的企业表示单靠自己的力量已经无法驾驭日益复杂的数据管理难题,他们需要帮助,尤其是当数据广泛地分布于本地、边缘和云端等不同的位置,这对于企业的数据存储和管理能力提出了非常高的要求,要想从数据中获得价值,企业需要更先进的数据架构来帮助他们进行数据的存储和管理。

7.2 端边云数据管理

面对物联网的蓬勃发展,"万物互联"的加速落地,企业在深化产业应用的过程中,数据类型及数据体量在不断大幅提升,如何能够满足不同应用场景中对于数据的应用需求成为企业数字化转型以及数据价值挖掘过程中必须要思考的问题。

当前,物联网业务的进一步延伸和拓展,以及各种传感器、居家智能设备、智能养殖、摄像头等物联网终端设备带来的数据爆炸式增长,对接入网络的时延性能和计算能力提出了更高的要求,但矛盾之处便是传统的无线网络架构已无法支撑物联网应用的快速发展,而边缘驱动的智慧物联网架构就成为当前最为有效的解决方案。结合传统的方式,终端、边缘和云的协同则走进了更多企业的视线中,端边云的协同应用无疑给处于迷茫中的企业带来了希望。

在厘清如何实现端边云协同之前,首先,企业需要知道端、边、云这三者之间的概念。端指的是终端设备,包括我们手边以及生活中出现的智能手机、台式机、笔记本计算机、穿戴设备、摄像头、智能家电以及各种感应器等,终端也是海量数据产生的源头。

边缘指的是由企业管理的、不位于核心数据中心的服务器和设备,包括服务器机房、位于一线的服务器、基站以及为了加快响应速度而分布在各个区域和偏远位置的较小的数据中心,是云算力的边缘端。通常情况下边缘在靠近物或数据源头的一侧,采用网络、计算、存储、应用核心能力为一体的开放平台,就近提供服务。

云(核心)包括企业和云提供商专门的计算数据中心,涵盖所有种类的云:公有云、私有云和混合云,此外还包括企业运营的数据中心,如支持电网和电话网络的数据中心。云是传统云算的中心节点,是边缘计算的管控端。

随着5G和AIoT应用的推进及对于实时响应更高级别的要求,一部分云计算下沉到了边缘计算。这使得端边云协同成为大势所趋,有的企业并没有意识到该如何充分利用其协同的能力从而从积累的海量数据中获取更多价值,而有的企业想要尝试却不知道该如何具体去部署和实现,甚至有的企业在云和边缘中抉择,其实企业应该清楚的是,核心和边缘并不是一个对立的概念,也不需要在两者之间择其一而用之,核心和边缘计算可以理解为一个$1+1>2$的优势互补的组合,其联合能够为企业的数据管理和应用带来更好的效果。

7.2.1　核心会更为"核心"

将数据集中管理和交付(如在线视频流播放、数据分析、数据安全和隐私),利用数据来控制其业务并且提升用户体验(如机器对机器通信、物联网、持续个性化分析和在线试穿)是当前很多企业的现状。随着全球数据量的空前爆发,维护和管理所有此类消费者和企业数据的责任重大,也正是这份责任支撑着云提供商的数据中心蓬勃发展。由此,企业作为数据管理者的角色不断加强,并且消费者对此也不仅在行动上给予大力肯定,更是满怀期待。从2019年开始,相比全球消费者终端,有更多的数据涌向企业核心进行存储。

国家机构以及企业将数据从传统数据中心向云端迁移,由于各个企业在不断采用云(公有云以及私有云)来满足数据处理的需要,云数据中心正成为新的企业数据存储库。毫不夸张,云正在成为新的核心或者说云的地位更加核心。根据IDC的预测,到2025年,49%的全球已存储数据将在公有云环境中。

从我国对于数字经济的支持力度上,也可以窥见云数据中心的重要性。数据是贯穿新基建的生命线,被视为"新基建的基础设施"、经济高质量发展的"数字底座"。2020年3月4日召开的中央政治局常务委员会会议中提出:"加快5G网络、数据中心等新型基础设施建设速度。"到2022年初,国家发改委、网信办、工业和信息化部和能源局联合发文,密集批复同意在一些地区启动建设全国一体化算力网络国家枢纽节点。国家"东数西算"工程正式启动,计划在京津冀、长三角、粤港澳大湾区、成渝、内蒙古、贵州、甘肃、宁夏8地启动建设国家算力枢纽节点,并规划了10个国家数据中心集群。这将带动数据、算力的跨域流动,有助于实现产业跃升、平衡区域发展,加快数字经济的协调发展。

新基建的如火如荼和"东数西算"工程诞生的现实背景是数字经济的发展需求，是基于"数字产业化、产业数字化"的使命。当各行各业数字化进程加快时，全社会数据总量也呈爆发式增长，不管是数据的存储、计算，还是传输、应用，整个与数据相关的算力需求都在大幅提升，这对于云数据中心来讲是机遇也是挑战，更大程度上促进大型数据中心快速扩张和发展。

根据工业和信息化部公布数据显示，截至 2022 年 6 月底，我国在用数据中心机架总规模超过 590 万标准机架，服务器规模约 2000 万台，算力总规模超过 150EFLOPS（每秒 1500 亿亿次浮点运算）。当前，全国在用的超大型规模、大型数据中心共 497 个、智算中心为 20 个。受新基建、数字化转型等国家政策促进及企业降本增效需求的驱动，我国数据中心业务收入持续高速增长。2021 年，我国数据中心行业市场收入高达 1500 亿元，近三年的年均复合增长率达到 30.69%，随着我国各地区、各行业数字化转型的深入推进，我国数据中心市场收入将会继续保持增长的态势。2022 年，中国数据中心市场的收入超过 1900 亿元。

《"十四五"数字经济发展规划》中明确提出，要"按照绿色、低碳、集约、高效的原则，持续推进绿色数字中心建设"。伴随 5G 商用提速，工业互联网、产业互联网的海量数据将被挖掘，数据资源云化将推动数据中心加速扩张升级，新的数据中心会朝着绿色化、智能化和大型集约化发展。

绿色化是数据中心未来的一个必然。每一次打开"绿码"、每一次搜索、每一个线上会议，生活和工作中，我们都离不开数据中心的处理计算。但同时，计算量越高，数据中心的能耗也就相应越高。据开源证券研究所的统计结果，一个数据中心的能耗分布中，散热系统的占比高达 40%。也就是说，数据中心每耗费一度电，只有一半用在了"计算"上，其他的则浪费在了散热、照明等方面。不可否认，数据中心是高耗能的行业，电力成本占数据中心运营成本的 50% 以上。国家能源局数据显示,2020 年中国数据中心耗电量突破 2000 亿千瓦时,创历史新高,耗能占全国总用电量的 2.7%,预计到 2030 年数据中心用电量可能在 2020 年基础上增一倍。基于数据中心的高能耗问题,绿色化无疑将成为未来数据中心的重要发展方向。

　　国家层面,工业和信息化部、国家机关事务管理局、国家能源局等部门出台了《关于加强绿色数据中心建设的指导意见》,其中对我国数据中心建设的能源消耗进行了规划。意见提出,到 2022 年数据中心平均能耗基本达到国际先进水平,新建大型、超大型数据中心的 PUE 值达到 1.4 以下。各个地方和企业都在积极打造绿色的数据中心,从不同方面入手。首先,从数据中心的基础设施方面,淘汰掉高能耗的老旧设备,换成能耗更友好的绿色产品,如存储设备的选择中,就可以选用更节能的双磁臂硬盘或者使用支持硬盘重生技术的产品,这样,系统将自行修复相关磁盘问题,更无须人为干预、不影响存储系统性能,并且自动的硬盘修复,大幅降低了存储系统硬盘更换、数据迁移、停机等系列运维成本。其次,提升水资源利用效率以及清洁能源的利用比例也是数据中心绿色发展的一个重要层面。再者,废旧电器电子产品得到有效回收利用也是企业需要重点关注的课题,数据中心有大量的基础设备,在设备退役后,如果整个产品不能被全部回收利用,也可以将产品的一个部件或者几个部件进行回收。碳排放存在于数据生命周期的各个环节,也存在于数据中心管理的方方面面,涉及很多环节,包括电力维持服务器、存储设备、备份装置、冷却系统等基础设施的运行,还可以包括机房内服务器运行、空调设备的制冷和运行、办公区域人员用电以及其他装置设备用电等,而所有这些方面都有可能成为降低碳排放的对象。

　　可以肯定的是,未来,在数据中心的建设和升级方面,提高 IT 设备利用率,强化绿色设计,推广整机柜、模块化、智能化管理等先进技术,提高数据中心部署效率,提高数据中心资源利用率和运行效益,建设绿色的数据中心成为大势所趋。

数字经济的蓬勃发展下,能够满足超大规模计算和数据存储需求的大型化、集群化数据中心将会越来越多,无论从优化数据中心布局的宏观需求出发,还是从降低 PUE 值的现实需要出发,大型化和集群化都是数据中心未来发展建设的大趋势之一,这也是我们国家在 8 个地区启动建设国家算力枢纽节点,并规划了 10 个国家数据中心集群的重要原因。大规模的数据中心集群能够更好地承载用户大规模的用云需求,满足日益增长的数据价值挖掘需求,同时,也能够降低整体基础设施的边际成本,从而进一步降低用户的上云成本。未来,大型化、集群化数据中心的比重会越来越高。

智能化数据中心能够实现将人从数据中心烦琐的各类维护工作中解脱出来,也可大大降低数据中心的人力成本。数据中心发生的故障中有 80% 是人为故障,智能化数据中心能够减少人为参与带来的故障,提升数据中心的运行可靠性。

数据中心的智能化可以从两个层面实现。首先,在业务层面,数据中心都是由软件定义自动运行的,通过软件技术实现整个数据中心的虚拟化,自动部署下发各种流表转发策略,完成基础架构的互联互通,连接所有物理设备,从而部署应用业务。未来的数据中心高度智能化、自动化,而支撑数据中心的软件则是融入了先进的 AI 技术。另一个是运维管理层面,当前很多数据中心在引入智能化的管理软件,这样的管理软件不仅能降低人工运维的成本,最重要的是提升数据中心运维水平和效率。当数据中心的设备出现故障时,监控管理软件能够及时发现,并且汇报给控制中心,控制中心可以针对情况执行修复或者规避指令。数据中心智能化运营中面临的远程巡检、智能指令执行、专家会诊等都离不开人工智能技术的加持,未来人工智能技术会成为助力数据中心智能运维的关键。智能化的数据中心会是结合数据中心的全生命周期通盘考虑的结果。

7.2.2　边缘在崛起中

根据 IDC 调研数据,2015 年创建的数据中,65％在终端创建,其余 35％在核心和边缘创建。到 2025 年,44％的数据将在核心和边缘创建,其驱动因素包括数据分析、人工智能和深度学习,越来越多的物联网设备向企业边缘输送数据。边缘的力量在以很快的速度崛起。

边缘崛起其实追根究底源于"速度"两个字。随着物联网的快速发展,大量物联设备接入网络并且产生海量的数据,尽管云端数据的处理能力在不断增强,但海量数据的传输会给网络造成很大的压力,尤其是对于延迟要求更高的应用来讲,边缘计算是在靠近数据源头的地方执行计算任务,无须再将终端设备产生的数据传送到云计算中心,这种模式会带来更多的优点:首先,来自网络的压力不再是问题,因为在网络边缘产生的大量数据无须再上传云端,给网络带宽减压不少。其次,降低延时。这正是当前很多应用场景追求的效果,边缘数据中心能够在靠近数据源头的地方对数据进行处理,不需要请求云数据中心的响应,降低网络延时,提高系统效率。再者,边缘数据中心在降低隐私泄露风险方面也有很大优势,这是因为隐私数据可以在边缘计算层进行一些加密处理,或者是可以保存在边缘计算层,通过这样的方式大幅降低数据泄露的风险。最后,边缘的崛起可以为很多应用带来更高的灵活性,可以针对具体的应用场景设计相应的边缘服务,提高计算服务的灵活性。

源于其突出的优势,边缘的应用范围也越来越广,在智慧城市、现代金融、自动驾驶、远程医疗、智慧交通、智能制造等领域中都能看到边缘的力量。以智慧交通的边缘应用为例,边缘计算的应用能够降低延时,这样道路上的车侧和路侧单元能够与应用平台之间实现高速交互,车路可以在几毫秒内对路况环境做出判断并依此决策是否要执行制动或者拐弯等动作,从而提升道路行驶安全指数。同时,借助边缘数据中心,可以实现交通数据的实时收集、存储、过滤、处理,并传输至交通大数据平台,大数据平台依据车辆区域、拥堵位置和已经拥堵时长等内容进行分析,再将智能分析结果传到边缘侧,运行在边缘数据中心服务器的交通控制系统实现从被动采集到主动感知,能够根据道路拥堵状况有效调节信号灯来缓解交通压力。实际部署中,边缘侧的加入让路面的拥堵得到缓解,正常情况下,能够缩短10%以上的拥堵时间。

7.2.3 如何协同端边云

在了解如何实现端边云的智能协同前,先对这一模式的优势进行分析。一方面,从位置来看,边缘计算作为一种地理上的分布式部署,相比于云来说,在更靠近数据源头的地方执行计算任务,这样的方式无疑可以提升服务的响应速度,降低服务的延迟。边缘计算侧重于局部,能够更好地在小规模、实时的智能分析中发挥作用。这对于对延迟要求较高的企业和应用场景来说,边缘计算无疑是更合理的选择。

另一方面,有些任务对于计算和存储的要求较高,还需要传输到云端去执行。在云端,能够把握全局,处理大量数据并进行深入分析,在商业决策等非实时数据处理场景发挥着重要作用。对于这种计算、深入分析以及存储要求更高的应用来讲,云不失为一个最可靠的选择。端边云协同既包含底层算力设施的资源协同,同时也包含上层的数据协同、业务能力协同及安全协同等。

先以当前应用端边云多层存储架构的智慧小区为例,一方面,部署能够在端点和边缘聚合,将各个感应器采集到的数据在边缘的控制平台进行及时过滤和分析,同时也支持安全存储、实时预览、视频回放、文件管理、大数据汇总以及与总控对接等多种功能。进行过滤和分析后,如人脸比对和车牌识别后,将相关警报发送到前端的视频管理系统进行审核和响应,这样就能以毫秒级的速度快速甄别数据,如果有可疑的情况就可以及时发送通知,从而提升公共安全性。之后也可以将海量的数据下载到云数据中心,汇入更大的数据池中进行深入分析、利用和存储。

因此,相对于边缘计算的单独发展和云计算的孤军奋战来说,将终端和两者结合贯通起来,形成端边云的层次型计算架构来得更为稳妥全面,因为端边云这样的计算模式能够有效整合边缘和云的双重优势,一方面,云计算的资源优势可以带来充足的计算和存储资源,非常适用于资源密集型的任务;另一方面,边缘计算的位置优势又可以弥补对于延时敏感型任务的高要求。在现实部署中,端边云的最大特点可以总结为层次性和融合性。层次性在于其边缘和云端的差异化的计算设备或计算服务可以构建多层次的架构,从而满足不同的终端应用需求;融合性是指这样的架构不仅仅是将边缘和云进行简单堆叠,不是 $1+1=2$ 的概念,而是将边缘和云进行高效的协作和融合,这样可以将边缘计算和云计算发挥出各自最大的价值。

可见,端边云的协同可以说是相辅相成、协调发展的,将在更大程度上助力不同行业和领域的数字化转型。那么,如何让端边云架构强强联手,实现数据价值的极致挖掘呢?实际上,在企业进行端边云架构的贯通的实际操作过程中,可以从纵向协同和横向贯通两个维度来实现。

纵向协同,顾名思义,指的是端边云三个层次之间的协同,通过多层次的计算资源协同满足不同的任务需求。纵向协同是在端边云三个层面之间加上了互动链条,首先,终端直接与边缘进行联动,实现快速访问需求,而边缘可以作为云的缓存设备来为终端提供低延时的服务,同时也可以将数据迁移到云端进行存储和深度的分析。而横向贯通则可以分为单场景下多个节点之间的协同(如在智能驾驶应用场景中,要想得到"聪明"的车,就需要在车联网的多个边缘计算节点之间进行协同)和跨场景边缘节点之间的贯通(如车路协同应用中,车侧设备和路侧单元甚至是交通管制节点之间的多个边缘计算节点的协同)。由于边缘设备在地理上呈现分布式部署,因此在应用中需要不同场景下的多个节点之间进行数据共享。不过,尽管边缘计算在支持海量终端设备接入和数据处理速度方面具有极大的优势,但并不意味着云的作用将被削弱或替代,正如前面提到的,云依然是核心所在。事实上,边缘计算的算力资源有限并且其覆盖面窄,难以实现对全局数据的分析和处理,此外,边缘数据中心也难以实现海量数据的长时间存储,而云的算力恰好能够弥补边缘算力的劣势,云存储池的浩瀚能为海量数据提供存储之地。因此,端云边协同可以说是各展所长,能够实现云数据中心算力和边缘算力效用的最大化,是物联网时代企业数据架构的最好形态,是最大化数据价值、提振数字经济的有力手段。

7.3 最大化数据价值

大数据是众多关键行业关注的问题。在信息化发展的新阶段,大数据对经济发展、社会秩序、国家治理、人民生活都会产生重大影响。如今,大数据广泛地应用到了各行业和各领域的企业当中,数字化转型是目前大多数企业的普遍需求,大数据不仅可以助力企业优化访问、加快决策,还可以最大限度地提高数据的可用性。

"谁掌握了数据,谁就掌握了主动权"。数据受到了企业的高度重视,数据应用逐渐普及,如何挖掘并最大化数据的价值,真正帮助企业提高管理效率、提升服务水平、加快创新建设是各企业纷纷关注的问题。

7.3.1　制定企业数据战略

对于企业而言,无法持续产生价值的数据是没有意义的,所以数据是企业的一项重要资产,这已成为大多数企业的共识。但现实中,很多企业并没有足够了解自身拥有或获取的数据资产,或并没有将这项资产充分利用起来。数据思维和数据意识淡薄,没有将精力放在数据的收集、整理和管理上,往往导致"无数据可用"或"无可用数据"。

企业要想破解这种局面,就需用到"数据战略"。数据战略旨在改进获取、存储、管理、共享和使用数据的方式,保障所有数据资源易于企业定位、使用、共享和流动。简而言之,数据战略就是让企业生产有价值的数据。

对于传统行业和新型大数据企业而言,如何制定数据战略才能让数据真正为自己所用、产生相应价值是值得企业深思的问题。每个企业在制定数据战略之前,都必须明确自己的业务目标和业务战略。数据战略与业务战略应是统一且相辅相成的,两者不断为企业提供价值,实现企业的业务目标。企业在明确好业务目标和业务战略后,需要开始盘点数据资产,完成数据治理,最终成为以数据为中心的企业,实现数据价值的创新。另外,在推进数据战略的过程中,企业良好的组织流程、人才储备和企业文化也至关重要。

从视野上,数据应该被视为企业核心战略,而不单是企业 IT部门管理的职责,软硬件方面都要有所投入。在确定基本思路后,将数据分析转换为可以解决实际问题的具体方案，从而最大化数据的价值。传统企业可借助第三方公司或者其他大数据服务企业的定制化解决方案，在对企业的数据进行梳理后，对其进行系统化管理。在制定相应数据战略后，企业还需要成立布局合理的数据组织架构，以保障战略的实施，让数据更好地为企业服务。

企业的数据是一套融合体系，从技术的角度来看，数据以不同的方式记录和存储。数据库中存储的是结构化数据，文件系统和文档存储的是非结构化数据。目前，企业的数据散落在不同的系统中，而不同的系统通常使用的是不同的架构和语言，所以企业的数据治理起来比较复杂。数据治理对数据战略至关重要，数据治理是按照所有权、完整性、遵从性、质量、内容及与其他数据集的关系来管理数据集的过程。在数据治理的过程中，企业不断提高数据交付的结果，增强数据透明度和效率。没有成功的数据治理，企业会缺乏对数据集的洞察力，因而无法建立数据战略。

此外，数据战略的落地还需要人才、组织和文化的保障。目前，数据技术人才供给远远小于需求，企业很难找到合适的数据技术人才。因此，企业要花费大力气对公司的数据技术人才进行培训与评估，想方设法引入高级别人才，搭建全方位、多层次的数据技术人才团队，才能保证数据战略的成功。

对企业来说，业务需求是在不断变化的，公司管理层需要随着竞争环境和整体企业战略的转变动态调整数据战略。数据战略对应的业务需求往往涉及产品、运营、流程等各方面。与产品相关的数据战略要求能快速发现和集成新的数据源，提供更好的用户体验。运营与流程改进则主要应用于公司内部，关注效率、成本降低和质量改进。

业务战略是以用户为中心的，数据战略也同样要以用户为中心。以用户为中心，绘制出基于用户体验框架下用户数据地图，通过数据角度，找到目标用户。同时，发现数据在用户旅程各个触点上的流动情况,并找到需要通过业务手段去拉通的数据断点。

数据战略应该关注数据的整体生命周期,思考企业的数据从哪里来,有哪些作用,未来到哪里去。企业要更加关注自有数据的价值创新,关注商业分析这类进攻性数据,还要注重防御性数据,避免数据泄露。除保证数据的质量与安全外,还要保证数据战略的实施,释放数据资产价值,最终使其服务于业务需求,实现企业的业务远景。

最后要强调的是,数据战略需要有长期的规划。成功的数据战略应该包含数据资产、数据治理、数据价值创造、人才储备等在内的总体计划,为未来的业务增长奠定基础,提供持续不断的数据动力。

7.3.2 利用数据进行决策

在之前的企业管理过程中,大多数企业在做经营决策时,往往都以管理者的经验为依据,这是相对比较主观的。相比于这种传统的决策方案,数据是更具有逻辑性地在归纳、总结,所以基于数据做决策更加准确。

根据贝恩公司的大数据行业调研,拥有优秀数据能力的企业,其财务业绩排在行业前 25 位的可能性是竞争对手的 2 倍,做出正确决策的可能性高出竞争对手 3 倍,决策速度比竞争对手快 5 倍。更高的响应速度永远是数据分析的追求目标,企业决策者在实时获得信息和分析结果的情况下,能够以前所未有的方式获得新的洞察,并完成业务流程。

例如,实时的数据检索功能便可以降低企业的运营成本,同时还可以提高工作效率和可视化速度。数据驱动型的企业会通过数据驱动的洞察来加速做决策的过程,利用数据更好地了解客户和市场,让企业从多维度对顾客和市场形成更丰富的认识,做出更理性、高效的决策。

美国应用信息经济学家 Hubbard 认为"一切皆可量化",并积极倡导数据化决策,纽约大学 Provost 教授认为数据科学的终极目标就是改善决策。大数据能够突破事物之间隐性因素无法被量化的瓶颈,充分阐述企业运营中的客观真实状态,通过智能化分析提高企业的决策能力,利用数据做决策,让企业从原来被动的事后分析转变为主动的实时决策,并可以以此为基础创建基于预测的、而非基于响应的业务模型。即使是专业性较为缺乏的员工也可以轻松构建查询条目和表格,由此也可以培养出更多的内容方面的专家,激发员工们的工作积极性。

在商业领域,利用收集的客户数据可以更加精准地了解客户的消费行为,帮助决策者挖掘新的商业模式,制定更加合理的商品价格,实现供应商协同工作,缓和供需之间的矛盾,使预算开支在可控范围内。在当前的时代,用户的兴趣偏好更受关注,更多的商业决策在向满足个性化需求转变。

随着大数据应用越来越多地出现在人们的日常生活中,数据驱动决策的方式逐渐形成了固有的特性,例如数据的实时变化决定了数据驱动决策具有动态性,多源数据的整合使决策具有全面性。基于大数据的智能分析和科学决策逐渐成为工业制造、医疗健康、金融服务等众多行业领域未来发展的方向和目标。

总之,数据的最大价值不是简单为了处理重复劳动,而是为企业决策做出辅助,甚至实现自动化决策。特别是在企业或产品处于破局点的阶段,精准把握产品方向,这就是数据驱动决策的力量。

7.3.3　利用数据改善运营

数据金矿的价值不断凸显,之前的企业主要使用来自生产经营中的各种报表数据,但随着大数据时代的到来,来自于互联网、物联网等各种传感器的海量数据扑面而来,为了提升运营效率,充分挖掘并利用这些数据则成为企业首选的业务模式。

对于外部来说,企业可以通过对数据的整合挖掘,深入观察客户的特征,优化业务流程。基于客户群体的时空分布特征,企业可以对资源信息进行动态化调配,提升运营效率并增加销售额的同时,也可以更好地服务于客户。如营销企业可以根据数据的渠道优化、精准营销信息推送、线上线下营销的连接等,在消费者购物前,通过各种方式直接介入其信息收集和决策的过程。而这种介入是建立在对于线上与线下海量用户数据分析的基础之上,相较于传统的狂轰滥炸式营销,这样的介入主观上是为了增强客户体验,更加精准地服务好客户。

对于企业内部来说,数据的应用只会更深入,企业内部的信息化对数据采集和分析能力要求更高。企业要利用数据实时了解运营情况,监控和调整企业运营的各个方面,使企业始终保持最佳运营状态。企业通过消费者数据与内部运营数据联系起来,在分析中不断得到新的洞察,创新业务模式,改进业务流程,提高运营效率。

在进行数据的采集、处理和监控等操作之后,就需要将数据驱动嵌入企业的运营流程链中,以实现数据的及时利用。企业这时可以构建数据运营平台,将内部流程进行模块化分解,针对性地分配相应数据信息到各部门、各运营单元,形成全流程的数据信息传递和各部门间的互通协作。

数据分析后产生的是具有独立性的标准化数据,是偏客观的。与之不同的是,数据运营平台的重点是实现数据信息在企业内部的流动和互通,利用数据流打通部门内部的关键流程,以降低成本,提升效率和质量,避免"数据孤岛"现象的出现。企业通过搭建数据驱动业务的体系,使数据与业务正向循环,满足内部日常运营的效率,也有助于企业领导者开拓新兴业务的需求。从宏观来看,每个这样做的企业也是在为这个产业链和整个生态系统的数据创造价值。

在大数据时代的背景下,面对飞速发展的科技,企业要与时俱进,不断适应社会新的变化,正确认识并合理利用大数据,把握新时代的机遇,提高企业对数据的管理与应用能力,提高自身应对时代新挑战的能力。

7.4 保障数据安全

数据安全是数据价值释放的前提,是企业的命脉,一旦关键的数据遭到安全威胁,企业整体的工作会面临巨大的风险,带来难以估量的损失。只有在数据安全得到保障,企业可以放心使用的前提下,数据才能作为资产发挥最大价值。

7.4.1 定期排查安全隐患

"隐患险于明火、防范胜于救灾"。不管是核心企业数据还是普通的工作日常文档,都存在着自然灾害、病毒侵害、设备丢失、硬件故障、误操作等安全问题,为了确保企业的数据安全,定期排查并消除数据安全隐患是一项至关重要的任务。

1. 数据中心或机房设备的安全

电气事故、火灾事故、爆炸事故、设备损坏事故、高压配电室漏水事故等都是存储最多数据的数据中心或机房较有可能发生的事故。其中电气事故是机房维护工作中最常见的,容易导致人员触电,严重的可能有生命危险。如下雨或者下雪天气,机房配电室容易出现大范围漏水,这就要求企业在维护巡检时要注意机房外围环境的变化,做好防水应对措施等。

有些企业的数据中心由于建设时间较早,空间设计和硬件设备都已经老化了,如果平时不加强安全管理,极易发生火灾。如有机房里蓄电池着火的案例,这就是企业日常排查巡检不到位,未能提前发现设备的蓄电池工作异常。除了防止漏电,有的设备可能需要 7×24 小时供电,如果突然断电,可能会造成数据的丢失或损坏,还会对设备的寿命造成影响。所以,企业应定期检查设备用电的安全情况,以防万一。

企业的维护人员应严格遵守数据中心或机房的操作规程,对服务器、硬盘、网络设备、电源等各类硬件设施实行规范性操作,做好定期维护和保养。还要注意室内的温度、湿度、电压等参数变化,并做好记录,以便能够第一时间发现异常并及时采取相应措施。同时,对至关重要的数据,企业一定要加强负责人员的管理,严格审批进出人员,完善相关登记制度。

2. 定期数据备份

对于企业而言,备份工作是企业数据保持高可用性的必需措施,其意义在于企业数据丢失或损坏后可实现数据的恢复。安全、高效又快捷地恢复数据是数据备份工作的使命所在,为保障企业生产、销售、开发等工作的正常运营,企业有必要装上先进、有效的数据备份系统,对数据进行备份,防患于未然。

企业如果没有重视数据丢失、损毁的严重性,一旦出问题,就会影响企业正常业务的开展,较严重的后果是因设备丢失、硬盘损坏、电子文件损毁等意外带来的工作成果损失。备份是数据的最后一根稻草,没有人希望用到备份的数据,但是当事情发生时,只有备份能救助。

当下企业也面临着各样的备份难点,如备份环境越来越复杂。

企业采用各种类型的操作系统和数据库,没有统一的备份管理平台,就会导致系统管理和维护复杂度增加。企业的备份数据如果采用普通存放模式需要耗费大量的存储空间,所以如何能将这些数据安全、高效地存放也是企业备份面临的一个问题。企业要确保作为主备份存储的设备在容量上可以容纳规划内的业务系统备份数据,其中包括之后年限的增长数据预估。还要确保存储设备的性能,可以满足并发写入时的峰值要求。另外,涉及备份数据的安全问题,整个备份系统的可靠性尤为重要,备份失败会加大维护人员的工作量。

通常情况下,企业所说的备份指的是本地的备份系统。但是大型企业存在多个数据中心,并且这些数据中心间可能还做了同步、异步或双活等容灾机制,企业在做备份计划时,也要确保系统可以跟得上企业的容灾规划。总之,备份系统的设计涉及方方面面的流程,企业在备份数据前,要厘清需求,做好良好的规划,一个良好运行的备份系统可以在企业遇到紧急数据故障时,发挥极其重要的正向作用。

7.4.2　掌握管理,避免安全事故

数据安全管理是涉及业务和技术协同作战的一项基础工作,企业需要建立相应数据安全管理机制,或制定安全管理体系,通过明确工作流程和职责分工,确保各部门之间工作的有序协同,从根源上防范和根除安全隐患,避免安全事故的发生。

1. 完善企业安全机制

数据管理应该从全局思考和规划,首先就要制定并发布相关的数据安全治理制度,完善数据安全生命周期管理体系,提高数据安全治理工作的管理效率和效果。大框架有了,数据安全管理工

作才具有约束力。

　　数据安全治理的有效实施离不开科学的规划与全员的深度参与，要将数据安全的责任落实到每个人。如企业可以成立一个数据中心或机房安全部门，下设一名负责人，制定年度或季度的安全管理目标责任书，并规定考核方法，促进安全维护人员更加认真负责地投入数据安全工作中。还可以设立一定的奖罚制度，以督促大家积极完成安全工作指标，用实际行动来彻底防范或根除企业数据中心的数据安全隐患。

　　数据安全覆盖面广，与每条业务线、每个部门都密切相关，所有需要数据进行工作的员工和团队都需要齐抓共管。数据管理部门通常是数据的统筹管理者，其余部门是具体领域的数据管理者，各部门都扮演着一种或多种角色，既可能是数据所有者，也可能是数据使用者或者数据监督者。所以一定要明确具体的职责，确保企业数据安全管理不留白、无漏洞。

　　还需要注意的是，企业在制定相关制度时一定要"接地气"，要充分考察一线工作的实际需求，灵活运用不同的安全管理实践方式来选择适合企业自身的数据安全制度。如果计划和实践不相符合，数据安全能力缺失，往往在事后得投入大量资源进行改造和补救，增加了数据安全管理的难度。

2. 数据脱敏

　　随着技术的进步，可以越来越容易地得到很多信息。尽管大多数企业都在合法访问机密性个人信息，但不断增加的数据安全风险向各企业成功管理和保护数据的能力提出了挑战。身份盗窃、隐私侵犯和欺诈性访问事件时有发生，数据泄露事件频频出现，这些都对企业的安全管理造成了严重影响。

　　所谓的数据脱敏，是指在不影响企业数据分析结果的前提下，对原始数据中的敏感字段进行处理，从而降低企业信息的敏感度，同时减少企业员工的隐私风险。企业内部常见的数据脱敏场景有数据报告脱敏、应用系统脱敏、数据库脱敏等。

完善的隐私数据保护方案协助企业建立敏感数据保护的制度和流程，并且可以梳理敏感数据、制定脱敏规则等，从而高效、便捷、完善地保护企业的敏感数据。例如静态数据的脱敏，在做数据分析前，可以将一些数据导出至本地。动态数据的脱敏主要指的是数据库脱敏，如研发人员的开发日志、调试记录、运维人员记录等日常数据管理。针对一些企业数据脱敏复杂、烦琐的特性，也可采用动态脱敏与静态脱敏相结合的方式，用动态脱敏实现数据实时去标志化处理，再结合静态脱敏保持数据关联性，从而在不影响使用的同时完成数据的脱敏工作。

除了进行数据的处理外，数据脱敏还涉及权限管理。保密性较高的企业可以通过权限的设定、配置，以及客户的匿名化管理，来达到安全访问的目的。对不同的用户身份进行权限的管理，如设定管理员、一般用户、访客等，不同级别的用户可以浏览、查阅的权限不同。也可以将一些客户的敏感信息匿名化，保护隐私不被泄露。另外，对于较高权限的账号还可以进行访问 IP 的权限限制，防止账号被盗用或滥用的情况发生。

敏感数据在数据生命周期的各个环节，即数据的产生、存储、应用、交换环节中均存在被泄露和攻击的风险。这些风险包括网络协议漏洞、数据库入侵、内部人员越权访问、高级持续性威胁以及合法人员的错误配置等。如今还有很多企业将安全工作的重心放在外围安全和终端防护上，如购买防火墙、反病毒软件，但随着大数据时代信息的价值性越来越突出，企业应当将关注点分一部分到数据层面的安全风险上。当然，这样的运行和维护过程需要一定的成本投入，企业应根据自身的业务运行特点、数据资产价值和风险承受能力制定适合自己的数据脱敏措施。

3. 加强安全培训，提升数据安全意识

有网络安全咨询师曾说过："网络安全最薄弱的环节并不是系统漏洞，而是人的漏洞。"大量案例证明，企业中很多数据安全事故和隐患都是由于内部人员的疏忽造成的，为了保障数据高效稳定、安全可靠地运行，所有人员都要绷紧数据安全这根弦，始终保持高度警惕和戒备。

数据安全工作是一项长期、持续的工作，公司有关人员要长存安全意识，从各个角度、各个方面减少安全漏洞，做好安全教育及安全管理，做好备份工作，减少安全事故的发生，并且在安全事故发生后，有及时而有效的措施，这样才能保证数据的安全，才能给企业持续发展提供安定的环境，为企业的发展提供可靠的基础。

不仅要做好一切数据安全管理工作，而且要耐心、细致地为企业操作人员和管理人员提供培训服务，使所有人员熟练操作技术，掌握安全知识，尽力减少违规操作和操作失误。安全来自正确的操作使用，只有规范操作程序，共同防范数据安全事故，才能将安全隐患消灭在萌芽之中。

第**8**章

数据的传统应用领域

数字经济时代,数据作为基础性资源和战略性资源,是一座价值宝藏。

当前,所有行业都在经历着"一切业务数据化,一切数据业务化"的变革。据 IDC 近年来发布的数据显示,中国的数据增长最迅猛的行业包括金融、制造、医疗保健以及媒体娱乐等 8 大行业。其中,制造行业数据拥有最大的占比,其次是金融和媒体娱乐,医疗保健排名为第 4,这 4 个行业的数据量占据了全球数据总量的 48%。

伴随着云计算、大数据、物联网、人工智能等新兴技术的爆发式发展,智能技术与实体经济深度融合,千行百业都迎来数据爆炸的新纪元,并且在应用方面更加实用,数据的价值得以发挥。

8.1 金融业

数字化转型已成为金融业焕发新生的重要驱动力,数据驱动型金融产业已经到来。数据的应用和分析为金融业重塑业务打开了新的窗口,正在帮助金融部门进行风险管理、欺诈检测、改善个性化等。银行、证券、保险等金融细分领域的金融数据与其他跨领域数据的融合应用正不断强化,数据整合、共享开放成为趋势,大数据为金融业带来了新的发展机遇和不竭动能。

8.1.1 金融业数据应用

金融业作为信息化水平较高的领域,在数据应用方面也是前瞻者和领航者,数据服务正融入人们生活的各个金融场景中。IDC 一项调查指出,由银行、保险和证券服务组成的金融服务业DATCON(DATCON 即数据就绪度,研究的目的在于表明特定行业的数字化优势、机会和数据能力。更确切地说,该指标与数据管理、分析、应用以及商业化有关)等级为 4,表明该行业整体数据就绪度处于先进水平。

目前,金融业数据应用主要聚焦在 5 方面。

1. 有效风险控制

风险分析和管理是金融业的重要因素,它有助于保持可信赖性,提高安全性,并做出一些有关业务策略的重要决策。对于风险管理,大数据技术是非常重要的手段和工具。例如在服务中小企业方面,金融机构可通过企业的产量、流通、销售、财务、税务、工商、社保等相关信息结合大数据挖掘方法进行贷款风险和偿债能力分析,量化企业的信用额度,进而推动中小企业的健康发展。

2. 开展精准营销

数据是金融业获得有关客户重要信息的强大工具。借助数据分析平台,金融机构可以对重点客户做扎实深入的调研和研究,深入分析不同客户群的生活消费行为习惯、风险偏好和需求,了解各客群的分布、占比、净值分层和活跃率,结合完善的标签体系对客群进行细分和客群画像,通过数据分析找到合理的依据进行产品开发、营销和关系维护,并通过差异化的产品和服务满足各类客群的需求,进行精准营销,从而充分发掘增长潜力,为转型发展注入新的发展动能。

3. 实施产品管理

金融机构利用数据技术能够对整个市场的交易数据进行分析挖掘,可以更好地掌握金融产品市场的动向,设计出更合理、满意度更高的产品,从而更好地实现金融工具的创新。首先,通过对金融工具面值、收益、风险、流动性、可转换性、复合性等特征重新进行分解与组合,设计出与客户需求相匹配的金融产品。其次,通过数据分析平台,金融机构能够获取客户的反馈信息,及时了解、获取和把握客户的需求,通过对数据进行深入分析,可对产品进行更加合理的设置,甚至还可以做到把适当的产品送到需要该产品的客户手上。

4. 提升管理能力和服务水平

金融机构内部管理能力的提升依赖于多措并举提升数据治理能力,进而能够简化金融机构的运行与管理。金融机构内部管理能力包括逐步建立数据治理架构;制定统一的数据标准,提升数据质量;弥合外部数据鸿沟,建立数据交互机制;加强数据分析应用,发挥数据内在价值;加强合规意识,完善客户个人隐私保护机制等。同时,利用大数据分析技术采集 IT 系统各方面数据信息进行数据挖掘分析,可以有效评估企业 IT 系统运行情况,最终提升信息系统的服务管理水平。

5. 创新商业模式

随着时代的发展,科技创新催生更多的金融模式。随着大数据时代的到来,金融机构之间的竞争将在网络信息平台上全面展开,掌握了数据的金融机构可以拥有更强的风险定价能力,可以比其他机构获得更高的风险收益,从而占据竞争上的优势地位。可以说,呈现快速上升势头的大数据技术与金融商业模式的快速融合,使金融商业模式发生了翻天覆地的变化,将会给未来的金融业发展带来新的机遇和挑战。例如,"无现金社会"正在来临,第三方支付逐渐兴起,以支付宝、微信支付、银联等为代表的第三方支付公司已经渗透到人们生活中的各个场景。

8.1.2   金融业数据应用的难点

数据技术为金融业带来了裂变式的创新活力,其应用潜力有目共睹,但在数据资产管理、业务场景融合、数据标准统一、监管顶层设计等方面存在的瓶颈也有待突破。

第一,数据资产整合管理难度大。金融业数据来源多样化,通常包含 3 大类:业务信息数据、行为数据和第三方数据。这些来源的数据包括结构化数据和非结构化数据,在进行数据分析时通常需要进行一定程度的整合,例如客户信息与客户行为数据的整合、企业内部交易信息与上下游合作企业的交易信息的整合等。当前金融数据的获取、处理、应用过程中仍然存在着很多问题,包括数据权属难以界定和保障、数据标准未建立、存在数据孤岛、数据整合和治理程度较低、数据融合难等(来源:《数据智能下的金融数字化转型 2022 年度报告》,华夏时报金融研究院)。

第二,数据技术和业务的融合仍需探索突破。金融业数据量极大,分析性能要求高,通常总存储量达到 TB 级别,而单次计算数据量也在 GB 级别,大数据量下的数据分析性能很难得到保障。金融机构原有的数据系统架构相对复杂,涉及的系统平台和供应商较多,实现大数据应用的技术改造难度很大。同时,金融业的大数据分析应用模型仍处于起步阶段,成熟案例和解决方案仍相对较少,需要投入大量的时间和成本进行调研和试错。系统误判率相对较高。

第三,行业标准和安全规范仍待完善。金融业数据安全的重要性不言而喻,对数据权限的要求从权限的分配到数据的访问控制,都有很细致的规范,在进行数据分析时需要兼顾数据权限的控制。在新技术风险的监管方面,各国持续加强国内金融数据安全顶层设计与立法工作,推动金融数据安全标准制定,并设立第三方数据安全服务机构,强化对金融机构数据安全能力的第三方风险评估和漏洞检测。但当前,国内金融大数据缺乏统一的存储管理标准和互通共享平台,对个人隐私的保护还未形成可信的安全机制。

第四,顶层设计和扶持政策还需强化。体现在金融机构间的数据壁垒较为明显,各自为战,问题突出,缺乏有效的整合协同。同时,行业应用缺乏整体性规划,分散、临时、应激等特点突出,信息价值开发仍有较大潜力。

相较于其他行业而言,金融业具有很强的外部性,金融数据无论是企业(组织)内部治理还是行业共治都需要国家(政府)在数据公共治理和监管协调上提供法律、政策和制度保障。在立法和制度建设方面,应加强个人数据与信息安全、隐私保护和数据确权方面立法和制度的完善,夯实数据治理、数据反垄断、数字金融方面的法律基础。在数据公共治理与协调方面,应加强监管部门与行业头部平台沟通与协调,推进数据生态建设,促进行业公平竞争。在金融数据监管与检查方面,应遵循激励相容的监管理念,从审慎、功能和行为监管视角加强金融行业监管和协调。

8.1.3　在传统中创新

数据驱动场景蝶变,金融业正处在爆发前夜。随着金融业数字化转型步入深水区,金融业技术、数据、业务、场景之间融合程度将进一步加深,传统金融服务已不能满足用户的日益增长需求,金融科技发展赋能传统金融服务,提升传统金融服务的服务质量以及服务空间。其中最核心的仍旧是金融科技对数据的加工、整合处理,形成基于业务数据的服务,为客户提供更好体验。

当前,数据已经成为金融业的基本业务单元和重要资产,金融机构在技术驱动之下不断创新,数据智能成为新型金融业发展的大势所趋。"数据智能＋金融"落地场景全面开花,营销、风控、客服、保险、监管、身份识别、投研、投顾、管理等众多金融场景迎来智能化升级,第三方支付、供应链金融、保险等细分领域更是开启了全面革新。例如,金融服务企业会在核心、边缘和终端之间循环传播数据以进行分析和分支机构运营管理;由于欺诈直接影响资产负债表,越来越多的银行和其他金融企业在边缘进行欺诈检测。目前许多 ATM 机正在装备分析引擎,通过复杂的算法可采集各种形式的个人生物特征数据和行为,在经过 ATM 机镜头进行人脸识别身份验证之后,才能够提取现金(来源:《数据智能下的金融数字化转型 2022 年度报告》,华夏时报金融研究院)。

而在服务客户方面,金融机构正积极把握数字金融科技创新和应用带来的机遇,以更便捷地接触客户、更高效地服务客户。例如,商业银行加大移动端布局,推进手机银行 App 和信用卡 App 为客户提供转账、理财、账户管理、消费信贷、生活缴费、餐饮娱乐等各类金融服务;NFC、二维码、生物识别等数字金融科技正在加速颠覆以磁条、芯片为载体和以密码、CVN2 等为身份校验措施的传统业务模式;虹膜、声纹、指纹等生物特征和智能腕表、智能眼镜等可穿戴设备正在发展成为零售银行新兴服务载体等。

"经营数字"是金融业的天然属性,金融数据的开放与融合已成为金融业的普遍共识和推动业务发展创新的重要条件。未来,在最佳时间提供适当的产品给所需客户,以适中的价格,通过客户乐于接受的渠道和形式将会成为可能。同时,市场营销将会更加准确,风险管理将会更加有效,内部流程将会进一步优化,效率将会进一步提升,普惠金融将会更加普遍。金融更好地服务实业,更好地服务创新,从而进一步推动社会进步和高效发展的局面。

8.2　制造业

在新一代信息技术出现之前，工业企业已经正常运转了上百年，大数据的广泛应用，加速推动了智能制造时代的到来。工业大数据无疑将成为未来提升制造业生产力、竞争力、创新能力的关键要素，也是目前全球工业转型必须面对的重要课题。

随着大数据应用的普及，制造企业的采购、生产、物流到销售都是大数据的战场。大数据会对客户进行分析和挖掘，应用场景包括实时核心、交易、服务、后台服务等。其载体包括手机、传感器、穿戴设备、三维打印机和平板电脑等。传感器数据作为工业大数据之一，可以帮助企业找到发生的问题，并预测未来会发生问题的概率，保障生产效率，满足质量需求，改善客户服务。

从智能制造到工业互联网平台，核心都是利用数据和模型，优化制造资源的配置效率。工业大数据成为智能制造和工业互联网的核心动力。

8.2.1　智能制造的应用价值

制造业是实体经济的主体，是技术创新的主战场，是供给侧结构性改革的主要领域，为中国整个经济的发展提供了有力支撑。智能制造与传统制造相比，最本质的变化是制造系统由物理和信息两个系统组成，这两个系统分别属于现实物理世界与虚拟数字世界，两者一一对应并互相映射。智能制造可以通过网络将机器设备、生产线、车间、供应商、产品、客户紧密连接在一起。

加快发展智能制造，不但有助于企业全面提升研发、生产、管理和服务的数字化网络化智能化水平,持续改善产品质量,提高企业生产效率,满足在新常态下企业迫切希望实现创新和转型升级的需求,同时还将带动众多新技术、新产品、新装备快速发展,催生出一大批新应用、新业态和新模式。智能制造升级可以为企业带来巨大的价值,主要体现在如下方面。

一是生产效率提升。智能制造通过对生产信息的智能化分析和跟踪,不断挖掘设备以及作业潜能,提高生产效率,持续改善管理目标。

二是降低整体综合成本。以智能化的系统,精准减少人工成本,提升良品率,减少因质量问题造成的经济损失,为供应链企业提供更低价格的信贷资金,降低仓储成本等。

三是改善产品品质。智能制造通过实时采集详细测试数据,以及生产过程的全面品质管理关注事中控制,为各级生产管理人员提供所需实时生产数据,加之事后分析持续改善产品品质,实现精益生产。

四是提高用户体验。智能制造能够以产供销一体化智能信息系统,响应市场变化和用户个性化需求,提升产品附加价值。

五是实现双向质量追溯。智能制造通过实时采集生产信息,全面了解生产进度,消除生产管理"黑箱",实现生产的全透明化管理。以生产前预防、生产中监控和生产后分析等质量管控方法,提高产品质量水平。

六是减少能源资源消耗。智能制造采用先进的制造物联技术,提升能源资源利用效率、绿色生产等,提高制造企业的核心竞争力。

驱动新兴制造业蓬勃发展、传统制造业优化升级,为中国经济的增长注入强有力的新动能,带动中国制造保持中高速增长,迈向中高端水平。国家层面高度重视智能制造,以此实现中国制造业的换道超车、跨越发展。当前,中国和发达国家掌握新一轮工业革命的核心技术的机会是均等的，这为我国制造业发挥后发优势、实现跨越发展提供了可能和契机。"十四五"规划中，中央多次强调大力发展数字经济，培育新增长点，形成新动能。数字经济是全球未来的发展方向，智能制造是数字经济的皇冠，这为发展智能制造的必要性再添一笔。

8.2.2 数据带动智能制造

智能制造时代的到来也意味着工业大数据时代的到来。制造业开始从业务驱动向数据驱动转变。实现智能制造的核心问题，本质上还是解决数据驱动的问题。

在智能制造模式中，通过采集数据、分析、存储、利用等多个环节，实现智能制造和制造系统的完美融合，将数据转换为人们所需要的信息，并从中不断挖掘数据价值，了解其中的新知识，并获得有用的信息，为制造企业的相关决策提供参考，创造出更多的经济效益和价值。

第一，数据可以协助定制化生产。信息技术对数据的收集、存储、挖掘、处理、分析能够使制造企业采取柔性生产和精益管理，及时采集消费者需求，实行拉动式的精准生产，满足个性化需求的同时也能降低库存管理成本。以生产高度定制化洗发水和液体肥皂的化工巨头巴斯夫为例，巴斯夫每个塑料瓶依次在传送带上灌装、封盖、包装，每个产品标签上都有芯片，记录了不同的数据，来灌装不同颜色和成分的肥皂液，指示调配比例和包装方式等。如果数据不能及时去做的话，批量地（个性化）生产是不可能的。

第二，制造业中很多设备的优化运行也需要数据驱动。制造企业中常见的设备维修、生产决策、产线优化、货物流转等场景的优化、提速，都需要生产、经营数据的同频，让产线工人和企业管理人员在生产、经营过程中，依据实时数据不断调优。以风电为例，风机上面会装一些传感器，收集工厂的数据，如风力、风向等环境数据。收集完数据之后，会有数字孪生模型进行仿真，根据仿真的结果控制叶片的俯仰角度等，从而提高发电效率。

第三，数据还能驱动产品的创新。以数据赋能制造业，帮助制造业摒弃大规模、低成本生产的产业化发展，进入差异化生产，满足不同需求的智能化和服务化生产。以福特汽车为例，其一个实验室曾收集约 400 万辆装有车载传感设备的汽车数据，通过对数据的分析，工程师了解了司机在驾驶汽车时的感受、外部环境的变化以及汽车的环境相应表现，从而改善了车辆的操作性、排气质量和能源的利用效率。针对车内噪声的问题，福特还改变了扬声器的位置，从而最大限度地减少了噪声。

中国工程院院士、国家制造强国建设战略咨询委员会主任周济说："我国智能制造发展总体将分为两个阶段：第一阶段是数字化转型，到 2028 年，要深入推进制造业数字化转型工程；第二阶段是数字化升级，从 2028 年至 2035 年，要深入推进制造业的智能化升级工程。"他指出，我国制造业创新的内涵包含 4 个层次：产品创新、生产技术创新、产业模式创新和前三者集成在一起形成的制造系统集成创新。在这 4 个层次之上，数字化、网络化、智能化都是制造业创新的主要路径。而在这些背后，数据作为生产要素居于重要位置，将激发出源源不断的生产力。

近年来，国家持续实施大数据战略。随着政策的落实，制造业领域大数据将迎来发展机遇期，有望成为支持工业高质量发展的新引擎，促进中国制造向中国创造升级。

8.2.3　智能制造的应用范围

"十三五"以来，随着我国政府相关扶持政策的出台，加上制造业智能化进程的推进，我国智能制造产业现今呈现出高速发展的态势,成为推动全球制造产业升级不容忽视的角色。

从行业应用来看,智能制造日渐深入万企千园、加速赋能千行百业,助力制造业、能源、矿业、电力等各大支柱产业数字化转型升级。2015 年 9 月 10 日,工业和信息化部公布 2015 年智能制造试点示范项目名单,46 个项目入围。这些项目包括沈阳机床(集团)有限责任公司申报的智能机床试点、北京航天智造科技发展有限公司申报的航天产品智慧云制造试点、中化化肥有限公司申报的化肥智能制造及服务试点等,覆盖了 38 个行业,涉及流程制造、离散制造、智能装备和产品、智能制造新业态新模式、智能化管理、智能服务 6 个类别,体现了行业、区域覆盖面和较强的示范性。

从应用领域来看,工业和信息化部开展的智能制造试点示范行动,内容包括智能制造优秀场景和智能制造示范工厂。智能制造优秀场景方面,依托工厂或车间,面向单个或多个制造环节提炼关键需求,遴选一批可复制、可推广的智能制造优秀场景,围绕技术、装备、工艺、软件等要素打造智能制造单元级解决方案;智能制造示范工厂方面,聚焦原材料、装备制造、消费品、电子信息等领域的细分行业,围绕设计、生产、管理、服务等制造全流程,以揭榜挂帅方式建设一批达到国际先进水平的示范工厂,大幅提升应用成效。

如今,数字化转型已成为全球主要工业国家及龙头制造企业重塑竞争优势的战略选择,5G、大数据等关键使能技术支撑工业互联网和智能制造产业加速发展,产业应用模式正在向智能化生产、网络化协同、规模化定制、服务化延伸、数字化管理等方向持续转变。立足新发展阶段,继续保持战略定力,加快发展智能制造,着力提升制造业创新能力、供给能力、支撑能力和应用水平,一定能推动制造业转型升级,为经济高质量发展注入强大动能。

8.3 医疗保健业

医疗保健业是最有希望被大数据改变的领域之一。2020 年新型冠状病毒引起的肺炎疫情中,大数据分析技术在新冠肺炎疫情预测、密切接触者追踪方面产生了至关重要的作用,大大提升了疫情防控和复工复产的效率。大数据在帮助医疗保健业蓬勃发展以及帮助改善医疗护理方面发挥着重要作用,使无数医疗工作者和患者受益。据统计,医疗保健业中的大数据市场规模每年增长22%。在 IDC 评估的各行业数据规模中,医疗保健数据是增长最快的行业数据,包括关键数据和超关键数据。预计该行业数据的增速比其他行业快 13%。

医院创建和管理的各类数据包括患者信息、预约信息、保险和账单、核磁共振、癌症治疗、运营和财务数据,以及广告数据。法规要求医院在患者死亡后还要将这些数据保存数年时间(这些属于休眠数据,未来可能被激活)。

每个数据集的价值都有所不同,涉及隐私和合规要求的属于需要高度保护的数据。未来,由于各种原因,还需要记录和保存远程诊疗的视频内容、外科医生的手术动作,甚至机器人手术过程——这些数据有的也许只是为了满足教学需求或法律要求。我们真的能够给这些数据设定一个价值吗?

在医疗保健业诸多数据之中,健康医疗大数据的获取、转换及应用成为各国生命经济发展的新引擎,是国家重要的基础性战略资源,是以创新推进供给侧结构性改革的重大民生工程。如今,我国健康医疗大数据产业体系初步形成、新业态蓬勃发展,人民群众也得到更多实惠。

8.3.1　当前医疗保健的数据应用

伴随着《健康中国 2030 规划纲要》等多个利好政策的出台、医疗技术的不断进步和大数据存储及分析能力的提升,我国医疗信息化进程不断推进并获得了广泛应用,相关数据呈爆发性增长,其海量性、多样性的特点和与大数据分析、人工智能等技术的结合可为医疗保健业带来创造性变化,全面提升健康医疗领域的治理能力和水平。

在抗击新冠肺炎疫情中,大数据成为疫情管控的得力助手,通过运用云计算、大数据等技术进行精确翔实的数据归集和分析,显得尤为重要,能有效助力政府进行科学化决策。各地利用大数据,可以分析疫情暴发后多少人流向北上广深等一线城市,多少人流向内陆广大农村,了解他们的分布态势,从宏观上预测多少人可能被感染,帮助政府决策物资投放和管控手段,同时还可以精确掌握散落在各地的隐性传染者。例如基于大数据可以获知在武汉华南海鲜市场关闭前,有多少曾去过那里的人,通过跟踪他们的信息,进而进行精准的防控。

除了疫情防治,目前,大数据可广泛应用于临床诊疗、药物研发、卫生监测、公众健康、政策制定和执行等领域。伴随着中国医疗卫生服务的信息化进程推进和电子病历的广泛应用,有价值的医疗大数据快速增长,可供医生、研究者和患者使用的数据量极大地提升;医疗数据中心的稳步建设和城乡医疗体系的进一步完善将积累大量数据,个人健康管理的推进也将产生越来越多的个人日常健康监测信息,根据估算,中国一个中等城市(一千万人口)50年所积累的医疗数据量就会达到 10PB 级。

8.3.2　电子病历系统

大数据在医疗保健领域的最主要的应用之一是创建和使用电子病历(EMR)。传统的纸质病历不仅在保存和阅读上有困难,对于医生了解病情和降低可能发生的错误都不能产生很好的效果。如今,医生可以通过电子病历访问患者记录,而不必依赖纸质病历。这可以确保患者过敏记录、病史、测试结果以及其他基本信息完全可用,并使协作护理变得前所未有的简单。

电子病历的数据价值不仅在于事后的处理,也在于归集的方便性与实时性,让数据的精准度大为提高,如透过各种智能医疗穿戴设备(如智能血压计、智能心电仪等),就可自动透过无线方式,将各种透过仪器产生的患者数据,传输至后端数据库处理,形成持续性的体征监测数据,提供更加精准的医疗服务。

8.3.3　医疗设备的输出

在技术突飞猛进的新时代,医疗设备在医疗机构服务与管理中扮演着越来越重要的角色,已成为医疗质量和安全的重要组成部分,大数据平台也将成为未来医疗器械服务发展的重要方向。

国产单孔微创手术机器人、全自动核酸提取设备、国际上首次实现的微米级精准定位和可视化识别操作眼科医疗器械……当前,我国医疗器械产业技术创新日新月异,医疗器械正嵌合人工智能、云计算、大数据、5G、芯片、传感器等智能技术软硬件,治疗效率、效果、精准度大幅提升。通过对各类医疗设备中海量、来源分散、格式多样的数据进行采集、存储、深度学习和开发,可以从中发现新知识、创造新价值、提升新能力,从而进一步反哺医疗服务产业。

同时,随着便携式可穿戴医疗设备的快速发展,个人健康信息可以直接连接到互联网,实现随时随地收集个人健康数据,数据信息量将是不可估量的。而通过带有医疗监控功能的可穿戴设备实时监控人体各项生理指标,结合其他个人健康数据,可对潜在健康风险做出提示,并给出相应的改善策略。

8.3.4　员工时间管理

现代医疗机构的管理水平高低,不仅仅取决于管理的模式与方法,更取决于管理调研和决策过程中的大数据利用。

大数据时代的到来,给我国各大医疗机构的人力资源管理带来了挑战和变革,通过智慧人力资源管理系统的建立,可以实现对人员的动态管理,通过预警业务,提前对相关工作进行预警提醒,并通过时间管理和自动派单,真正实现由"事找人"到"人找事"的转变,提升人事工作者的工作效率,使医疗机构的人力资源管理工作变得更加的高效化、便捷化,使内部员工、外部应聘人员均能感受更优质、更人性化的服务。

8.3.5　患者满意度调查

基于大数据技术的患者满意度调查系统可提供前端和后台应用软件,通过用户的匿名真实评价和关联性数据分析,准确、实时地将统计结果与分析报告呈现给医疗机构管理者,为医疗机构及时了解患者需求、改善就医环境、提升服务质量提供参考意见,从而推动医疗改革的现代化、信息化发展。

此外,在医疗保健业建设基于大数据的运营管理系统,可以帮助医生、管理人员掌握来诊患者的初诊、复诊、疗程、费用及合理诊疗等综合信息,可以有效分析患者流失与中断的原因、防止医生过度医疗的有效信息管控,提高患者满意度。

8.3.6 医疗设备跟踪

医疗设备在病患治疗、健康监测、医学科研等方面的作用举足轻重。随着移动医疗、互联网医疗、智慧医院等创新医疗模式兴起,以及医疗技术的发展,大量先进的医疗设备被应用于临床治疗和医疗机构检测。如何科学地管理医疗设备、进行设备间数据传输,日益受到各大医疗机构的关注。

通过物联网技术,运用传感器技术、室内外 GPS 技术、RFID技术等,将医疗场景内常见的设备、耗材、药品等物理对象经无线和有线网络传输到移动终端、嵌入式计算设备和医疗信息处理平台,在云端医疗信息处理平台交换和处理信息,最终可用以提升服务效率,实现医疗健康服务智能化的系统。而通过建立与医疗设备相配套的云端管理、耗材跟踪与手术辅助平台及诊疗大数据系统,可以为医生提供先进、便捷的临床技术和助手,让患者享受安全、有效的治疗体验。

8.3.7 医疗保健数据的未来应用方向

如今,健康医疗大数据的应用发展如火如荼,大数据驱动的医学新研究和健康新服务越来越彰显出其巨大的价值和潜力。以大数据为基础的精准医学、智慧医疗、智能服务等供给侧应用发展呈现出蓬勃之势,有望在催生新的科学发现、加速疾病防控技术突破、改善医疗供给模式、重构医疗健康服务体系等方面发挥创新引领作用。

医疗保健业是能够而且应该利用分析和人工智能的行业之一,在医疗投资方面,今天,3D 打印技术允许外科医生在真正进行手术前,在脑瘤的复制品上进行练习。增强和虚拟现实(AR/VR)技术很快将使学生能够通过 AR/VR 镜头使用数据以同样的方式学习。在医疗领域,手术的破坏性越小越好,这也是一个众所周知的原则。越来越多的机器人将用来协助或进行显微手术,以减少侵入性和提高手术精度。IDC 的调查发现,医疗服务提供者正在努力向所有必要的领域投资(来自《医疗保健业:数据就绪度指数》,IDC 白皮书)。

　　未来,与生物工程技术高度结合的数字人,在医学诊疗、仿真科学、工程试验等更广阔的领域将绽放无穷的想象力。通过医疗健康大数据服务能力,可以围绕人的生老病死打造个人健康全生命周期管理服务。即从出生到死亡的健康数据统一管理,包括医院就诊、可穿戴设备、健康体检等数据,实现对个人健康的全程监测及服务,为每个人建立自己的健康画像,并对存在的健康风险进行监测和预警。同时,将更好地支撑医生远程诊疗、电子处方开立、医保在线结算、药品配送到家、商保在线理赔等服务,为居民提供全流程无接触医疗服务,降低患者到医院交叉感染的风险。在此基础上,通过串联亿万百姓大健康信息,联通上万家医疗机构的数据孤岛,真正实现让数据多跑路、让群众少跑腿,有效缓解看病烦的问题,用数据造福百姓。

8.4　媒体娱乐业

　　在移动互联网时代,"手不释机,网不离身"已经成了普遍现象。但对于媒体娱乐业而言,一切生意都是数据生意。

　　为了迎合和引导消费者的需求,各大媒体和娱乐公司使出了浑身解数,对用户了解的需求从未如此迫切。自从大数据在媒体和娱乐业出现以来,它消除了用户和发行商之间的所有障碍。大数据分析正在帮助公司以前所未有的更好的方式与客户建立联系。

而对于用户来说,借助大数据分析功能(例如实时流媒体,按次付费)以及更多服务,可以随时随地访问喜爱的节目和电影,而根据兴趣推荐内容和广告也在成为一个市值巨大的产业,大数据已成为这一惊人转变的支柱。

8.4.1　大数据在媒体娱乐业的应用

媒体娱乐业是中国大数据产业的重要数据来源和应用领域。媒体娱乐业能够不断地产生并获得新的数据源,如何有效利用大数据、提高对消费者需求和偏好的了解、生产出更符合目标人群的商品、实现价值提升,已成为媒体娱乐企业的新课题。

媒体娱乐业既是大数据行业内容来源的上游,也是大数据行业应用的下游。广义的媒体娱乐业包含媒体娱乐业(电影、电视、广电、音乐、出版、玩具)、互动娱乐业(游戏、视频、VR、网文、网红等网生内容)、现场娱乐业(演艺、主题乐园、博彩、体育运动),近年由于经济结构转型、消费升级及宏观政策推动发展迅猛,媒体娱乐大数据包括影视、游戏、动漫、文学、图书、网生内容及广告等细分市场的大数据应用,是众多细分市场中应用最普遍且潜力最大的领域之一。

在媒体行业,如何利用缜密的大数据思维和良好的大数据洞察力推动传媒生态升级转型,使自身完全具备大数据应用的能力,已被各大媒体提上重要议程。中央厨房已经成为国家大数据战略背景下传媒业大力建设的重点工程,"新旧融合、一次采集、多种生成、多元发布、全天滚动、多元覆盖"是各大媒体在中央厨房项目建设上的共识。除中央级媒体外,大数据在地方融媒体工程中的应用也越来越成熟,如天津"津云"中央厨房、西安广播电视台中央厨房、湖北广电集团"长江云"、广西日报社"广西云"、江西日报"赣鄱云"、浙江日报报业集团"媒立方"等全国多家地方传媒集团和代表性媒体纷纷借助大数据,走上了转型之路,并形成了各具特色的发展模式。

在影视行业,数据的应用场景越来越丰富,可以利用大数据构建用户画像,分析渠道宣发表现,进行更加有效率的宣发从而实现精准营销。同时还能提前洞察到用户和市场的兴趣以及需求趋势,提前规划更具潜力的作品。有统计数据显示,如今全国超 80% 的电影购票均来自线上售票,随着电影票务平台的兴起,电影观众的大数据画像也在逐渐形成,数据包括观众的年龄、星座、职业、所属城市、学历等。这一数据的形成,有利于电影宣发锁定目标观影群体,从而制定更为精准的宣发方案,再通过针对性渠道的传播推广,能为电影带来更多潜在观众,实现尽可能多的电影票房增量。除此之外,分析观影体验和用户反馈,也离不开大数据。通过大数据对于用户的行为分析,能更加真实地反映出大众对影片的体验和评价。

在网游行业,大数据对于游戏生命周期(用户流失)、新游戏上线排期(游戏推荐)的预判及管理尤为重要。在对游戏生命周期预判中,用户从导入期获知游戏,进而注册、活跃、付费……尽管无法分析个体玩家在游戏中的生命历程,但大数据可以通过用户活跃、付费转化率、活动对付费玩家提升指数等一系列数据,从宏观上对玩家的生命周期进行分析,从而为游戏运营提供决策的依据,协助平台尽可能地获取更大的利润。

无论是足球、篮球还是赛车等体育行业,利用大数据的捕获、存储、分析等功能使得如今的这些领域发生了巨变。当今许多比赛都采用了大数据分析技术,教练组可以通过大数据来分析球类运动的落球点,可以跟踪运动员的睡眠、营养和锻炼等数据,来帮助他们制定专业的训练方案,并提升运动员的技能水平,最终在赛场上发挥出更好的成绩。例如,NFL(美国职业橄榄球大联盟)球员都配备了可穿戴设备,球队可以通过这些设备了解运动员的身体状态,来进行针对性的训练。

此外,大数据在媒体娱乐业应用的种类非常广泛,包括网络优化、信息安全、广告推送、精准营销、网络购物、基于位置的服务等。随着行业用户对大数据价值的认可程度的提高,市场需求将出现快速增长,面向大数据市场的新技术、新产品、新服务、新业态将不断涌现,大数据将为媒体娱乐产业打开一个高增长的新市场。

8.4.2 VR 和 AR 等新技术带来的发展

从 2012 年 Google Glass 的发布引发全球市场热潮开始,VR和 AR 相关理念和技术逐步落地,大量企业和研究机构进入相关领域,一批 VR 和 AR 产品进入市场。

VR 的本质是创造一个虚拟的三维交互场景,让用户借助特殊的设备体验虚拟世界,并在其中进行自然的交互而不自知;AR 以虚实结合、实时交互为特征,通过测量用户与真实场景中物体的距离并重构,将计算机生成的虚拟物体或其他信息叠加到真实世界中,从而实现对现实的"增强"。

在媒体娱乐业,VR/AR 目前主要应用于游戏娱乐、教育培训、商贸创意等领域,不断催生出数字经济新业态、新模式。当前,中国 VR/AR 产业发展迅速,核心技术不断突破,产品供给日益丰富,应用创新生态持续壮大。例如在终端硬件环节,国内厂商创新能力显著提升,各类 VR/AR 终端产品不断推出,体积、重量、续航、散热等指标持续优化;内容方面的短板也在突破。例如,视频网站爱奇艺不仅推出 VR 头显设备,还与 Nreal 合作发布第一款定制版AR 应用,可以为用户带来沉浸式观影体验。字节跳动收购了 VR设备商 Pico,并围绕游戏、健身等领域布局 VR。

从 2016 年虚拟现实产业元年开始,我国针对 VR 和 AR 出台了一系列相关政策;2021 年出台的"十四五"规划中明确指出,将 VR/AR 产业列为未来五年数字经济重点产业之一。另外,5G 时代的到来,给 VR 注入了新的活力,将催生出像元宇宙等一大批新兴业态。同时全球新冠肺炎疫情的暴发,加速了 VR 的发展,线下活动的限制使得 VR/AR 认知度得到明显提升,VR 看房、VR 购物、VR 健身和 VR 娱乐等应用给人们带来了全新的体验。

8.5 云计算

当前,经济社会加速数字化转型,云计算作为数字经济重要"底座",赋能千行百业转型升级,企业上云、用云持续深入,云计算服务模式创新提速,重要性日渐提升。

云计算是基于互联网的相关服务的增加、使用和交付模式,是通过互联网来提供动态易扩展且经常是虚拟化的资源。自 2006 年提出至今,云计算大致经历了形成阶段、发展阶段和应用阶段。过去十年是云计算突飞猛进的十年,全球云计算市场规模增长数倍,我国云计算市场从最初的十几亿元增长到现在的千亿元规模,全球各国政府纷纷制定、推出"云优先"策略,我国云计算政策环境日趋完善,云计算技术不断发展成熟,云计算应用从互联网行业向政务、金融、工业、医疗等传统行业加速渗透。

8.5.1 什么是云计算

云计算作为时下最为火热的网络应用概念,实质上是把 IT 资源作为商品,通过互联网交付的形式为用户提供快速且安全的计算能力、存储和数据库等服务的一种网络应用技术,其具备了虚拟化(突破了时间、空间的界限)、动态可扩展、按需部署、高灵活性以及高性价比等多项特点。

狭义上讲,云计算就是一种提供资源的网络,使用者可以随时获取"云"上的资源,按需求量使用,并且可以看成是无限扩展的,只要按使用量付费就可以,"云"就像自来水厂一样,可以随时接水,并且不限量,按照自己家的用水量,付费给自来水厂就可以。

从广义上说,云计算是与信息技术、软件、互联网相关的一种服务,这种计算资源共享池叫作"云",云计算把许多计算资源集合起来,通过软件实现自动化管理,只需要很少的人参与,就能让资源被快速提供。也就是说,计算能力作为一种商品,可以在互联网上流通,就像水、电、煤气一样,可以方便地取用,且价格较为低廉。

总之,云计算的核心概念就是以互联网为中心,在网站上提供快速且安全的云计算服务与数据存储,让每一个使用互联网的人都可以使用网络上的庞大计算资源与数据中心。

8.5.2　云计算的起源

2006 年 8 月 9 日,Google 首席执行官埃里克·施密特(Eric Schmidt)在搜索引擎大会上首次提出"云计算"的概念。云计算早期,简单地说,就是简单的分布式计算,解决任务分发,并进行计算结果的合并。通过这项技术,可以在很短的时间(几秒)内完成对数以万计的数据的处理,从而达到强大的网络服务。

对于一家企业来说,一台计算机的运算能力是远远无法满足数据运算需求的,那么公司就要购置一台运算能力更强的计算机,也就是服务器。而对于规模比较大的企业来说,一台服务器的运算能力显然还是不够的,那就需要企业购置多台服务器,甚至演变成为一个具有多台服务器的数据中心,而且服务器的数量会直接影响这个数据中心的业务处理能力。

除了高额的初期建设成本之外,计算机的运营支出中花费在电费上的金钱要比投资成本高得多,再加上计算机和网络的维护支出,这些总的费用是中小型企业难以承担的,于是云计算的概念便应运而生了。

8.5.3　云计算的特点

云计算的可贵之处在于高灵活性、可扩展性和高性比等。与传统的网络应用模式相比,其具有如下特点。

(1)虚拟化技术。必须强调的是,虚拟化突破了时间、空间的界限,是云计算最为显著的特点。虚拟化技术包括应用虚拟和资源虚拟两种。众所周知,物理平台与应用部署的环境在空间上是没有任何联系的,正是通过虚拟平台对相应终端操作完成数据备份、迁移和扩展等。

(2)动态可扩展。云计算具有高效的运算能力,在原有服务器基础上增加云计算功能能够使计算速度迅速提高,最终实现动态扩展虚拟化的层次达到对应用进行扩展的目的。

(3)按需部署。计算机包含了许多应用、程序软件等,不同的应用对应的数据资源库不同,所以用户运行不同的应用需要较强的计算能力对资源进行部署,而云计算平台能够根据用户的需求快速配备计算能力及资源。

(4)灵活性高。目前市场上大多数 IT 资源、软硬件都支持虚拟化,如存储网络、操作系统和开发软硬件等。虚拟化要素统一放在云系统资源虚拟池当中进行管理,可见云计算的兼容性非常强,不仅可以兼容低配置机器、不同厂商的硬件产品,还能够使外设获得更高性能的计算。

(5)可靠性高。即使服务器故障也不影响计算与应用的正常运行。因为单点服务器出现故障可以通过虚拟化技术将分布在不同物理服务器上面的应用进行恢复或利用动态扩展功能部署新的服务器进行计算。

（6）性价比高。将资源放在虚拟资源池中统一管理在一定程度上优化了物理资源，用户不再需要昂贵、存储空间大的主机，可以选择相对廉价的计算机组成云，一方面减少费用；另一方面计算性能不逊于大型主机。

（7）可扩展性。用户可以利用应用软件的快速部署条件来更为简单、快捷地将自身所需的已有业务以及新业务进行扩展。例如，计算机云计算系统中出现设备的故障，对于用户来说，无论是在计算机层面上，或是在具体运用上均不会受到阻碍，可以利用计算机云计算具有的动态扩展功能来对其他服务器开展有效扩展。这样一来就能够确保任务得以有序完成。在对虚拟化资源进行动态扩展的情况下，能够高效扩展应用，提高计算机云计算的操作水平。

8.5.4　云计算的发展

从云计算概念的提出，一直到现在云计算的发展，总的来看云计算大致经历了萌芽期、探索期、发展期、繁荣期 4 个阶段。

1. 萌芽期（2008—2011 年）

一般认为，亚马逊 AWS 在 2006 年公开发布的 S3 存储服务、SQS 消息队列及 EC2 虚拟机服务，正式宣告了现代云计算的到来。在云计算兴起之前，对于大多数企业而言，硬件的自行采购和 IDC 机房租用是主流的 IT 基础设施构建方式。除了服务器本身，机柜、带宽、交换机、网络配置、软件安装、虚拟化等底层诸多事项总体上需要相当专业的人士来负责，云的到来，给出了另一种高效许多的方式：只需轻点指尖或通过脚本即可让需求方自助搭建应用所需的软硬件环境,并且根据业务变化可随时按需扩展和按量计费,再加上云上许多开箱即用的组件级服务,这对许多企业来说有着莫大的吸引力。Netflix就是早期云计算的拥抱者和受益者,该公司在2010年成功地全面迁移到AWS,堪称是云计算史上最著名的案例之一。

2. 探索期(2011—2014年)

这一时期,云计算厂商纷纷入场并大举投入,行业进入了精彩的探索时代。其中,最为显眼的就是IaaS层面得到的突破,更强更新的CPU带来了云上虚拟机计算能力的提升和换代;早期机型内存相对偏小的问题也随着新机型的推出逐步得到解决,新上云端的SSD更是让机器性能如虎添翼。

国内企业中,除了早期入场的阿里云和盛大云,腾讯、百度及三大运营商等各路巨头也都先后布局试水,并纷纷把"云"的品牌从一度红火的个人网盘服务让位于企业级云计算;微软Azure也于2014年在中国正式商用,标志着外资厂商开始参与国内市场竞争。值得一提的是,这段时期独立云计算企业UCloud、七牛云、青云等都相继创立,分别以极具特色的产品服务和强大的自主研发能力,使得国内云计算市场更加精彩纷呈。

3. 发展期(2014—2018年)

当整个云计算行业一定程度走过蹒跚探索时期之后,开创者们积累了越来越多的经验,对市场反馈和客户需求有了更清晰的了解与洞察,业务模式与商业运营也驾轻就熟起来——云计算行业终于进入高速发展期。在这一时期,不论是总体市场规模,还是云计算的产品与服务,都得到了极大的增长和丰富。

随着云计算行业体量越来越巨大,市场竞争也愈发激烈。陆续有中小玩家力不从心、陷入困境。客户方面,云计算在这一时期开始明显地从互联网企业向传统行业进行渗透。为了拿下更多传统行业客户,组织架构和流程的匹配也是必做的功课。走在前面的云厂商相应地完善了云上的多账号管理、组织架构映射、资源分组、细粒度权限管控等企业级功能。

4. 繁荣期(2019—?)

2019年起,云计算进入繁荣期。来自Gartner的分析报告显示,2019年的全球公有云市场规模将超越2000亿美元,并将继续保持稳定增速。"上云"成为各类企业加快数字化转型、鼓励技术创新和促进业务增长的第一选择甚至前提条件。同时,人工智能、物联网、5G、微服务等持续与云计算的深度融合,将"含云量=含金量"的烙印深深刻在企业数字化转型的发动机上。而2020年国内暴发疫情之后,云计算应用场景爆发,在线教育、远程办公、远程看病,甚至是云法庭,云计算让大家在闭门不出的情况下也保持着相对便利的生活。

8.5.5 云计算的应用

随着云计算的技术和产业日趋成熟,我国云计算产业已成为推动经济增长、加速产业转型的重要力量。在产业方面,云计算的应用已深入到政府、金融、工业、交通、物流、医疗健康等行业,企业上云成为趋势,不断推动产业升级和变革。其中,比较典型的有如下几种。

1. 医疗云

医疗云是指在云计算、移动技术、多媒体、5G通信、大数据,以及物联网等新技术基础上,结合医疗技术,使用云计算来创建医疗健康服务云平台,实现了医疗资源的共享和医疗范围的扩大。因为云计算技术的运用与结合,医疗云提高医疗机构的效率,方便居民就医。像现在医院的预约挂号、电子病历、医保等都是云计算与医疗领域结合的产物,医疗云还具有数据安全、信息共享、动态扩展、布局全国的优势。

2. 金融云

金融云是指利用云计算的模型,将信息、金融和服务等功能分散到庞大分支机构构成的互联网"云"中,旨在为银行、保险和基金等金融机构提供互联网处理和运行服务,同时共享互联网资源,从而解决现有问题并且达到高效、低成本的目标。现在普及了的快捷支付,因为金融与云计算的结合,只需要在手机上简单操作,就可以完成银行存款、购买保险和基金买卖。

3. 教育云

教育云实质上是指教育信息化的一种发展。教育云可以将所需要的任何教育硬件资源虚拟化,然后将其传入互联网中,以向教育机构和学生老师提供一个方便快捷的平台。现在流行的慕课就是教育云的一种应用。慕课(Massive Open Online Courses,MOOC)指的是大规模开放的在线课程。2013 年 10 月 10 日,清华大学推出来 MOOC 平台——学堂在线,许多大学现已使用学堂在线开设了一些课程的 MOOC。

4. 能源云

能源企业逐步将云、大数据和人工智能技术广泛应用于生产、运输、配送和消费等环节,实现数据采集、业务监控、大数据处理分析、智能化的生产和运营。如百世汇通等物流企业构建云平台,通过计算机虚拟化、存储虚拟化、网络虚拟化技术实现了整个构架的灵活性和高可扩展性,使应用能够快速在云上实现扩展。

8.5.6 云计算需要关注的问题

云计算的发展速度非常惊人。越来越多的公司都在积极地转向云战略,它们希望公司最终能够成为"全云"或者"更多云"。不可否定的是云计算的确为企业带来了许多便利,如节省了许多花费在用于数据存储基础设施的资金,使数据运算得更加快速。然而云计算的应用也为企业带来了新的挑战。

1. 安全性面临重大考验

随着云计算的不断发展,安全性问题将成为企业高端、金融机构和政府 IT 部门的核心和关键性问题,也直接关系到云计算产业能否持续健康发展。云计算涉及 3 个层面的安全问题:云计算用户的数据和应用安全;云计算服务平台自身的安全;云计算资源的滥用。这些安全问题实际上在传统的信息系统和互联网服务中也存在,只不过云计算业务高弹性、大规模、分布化的特性使这些安全问题变得更加突出。同时云计算的资源访问透明和加密传输通道等特性给信息监管带来了挑战,使得对信息发布和传输途径的定位跟踪变得异常困难。

云计算的安全问题是企业应用云计算最大的顾虑所在。Forrester Research 公司的调查结果显示,有 51% 的中小企业认为安全性和隐私问题是它们尚未使用云服务的最主要原因,IDC 的调查也显示安全问题是企业用户选择云计算的首要考虑因素。

2. 标准体系尚未形成

目前,云计算领域"百花齐放",云计算服务商众多,各云计算平台之间不具有互操作性,这导致了用户从一个云计算环境迁移到另一个环境时的复杂性大大增加,直接影响了云计算的大规模市场化和商业应用。目前亟待解决的是制定开放、统一的云计算标准，以指导和规范云计算产业的发展，这对于国家掌握云计算技术和产业发展的主导权意义重大。标准的内容不仅包括技术标准，还要包括服务标准，解决无论是公共云、混合云还是私有云的从规划设计，到系统建设，再到服务运营、质量保障等环节中的各种问题。

3．监管机制亟待健全

云计算产业链条长，涉及终端设备、通信服务、运营服务等诸多环节。云服务也会影响社会生活的方方面面，既给人们带来便捷，又降低成本。同时，由于数据的高度集中、远程化传输等也会带来更大的风险，系统安全及用户隐私将受到更高的挑战。要保障云计算产业的健康发展，云计算建设、运营中流程的监管亟待提上日程，相应的监管政策及监管技术手段亟须建立，以规避其中存在的各种风险，节省无谓的重复投资与建设，避免云计算"产能过剩"，保障云计算服务的健康发展。

4．大型服务商和成功案例较少

在技术浪潮和产业热情推动下，一大批厂商进入中国云计算市场，但由于目前尚未形成有效的评价、资格认证和准入机制，市场上鱼龙混杂，缺乏大型、可信赖的服务提供商，也缺乏行业普遍认可的成功应用实践案例，一定程度上制约了产业规模的扩张。

8.6　智慧城市

随着信息技术的不断发展、城市信息化应用水平的不断提升，智慧城市建设应运而生。如今在城市的每一个交通路口、每一个城市管理部门的办公室,以及许许多多园区,"智慧城市"的发展悄无声息,影响着人们的生活、经济的增长,以及政府的决策。

智慧城市是城市化发展的高级阶段,要在现有的城市基础上实现"数字孪生",将城市的瞬息变幻,通过 IoT 设备、传感器以及 AI,处理海量的数字信息,并辅助人们进行高效的决策,让城市运行中涉及的生产、消费、运输等环节,实现资源的最优配置。2021年智慧城市被写入国家"十四五"规划中。此后,我国 100% 的副省级以上城市、90% 以上的地级城市共计 700 多个城市已开始智慧城市的规划和建设,并意识到数据治理的重要性。

8.6.1 大数据和智慧城市

大数据是建设智慧城市的核心。大数据、人工智能、云计算、物联网等技术的共同作用,进一步促进了智慧城市发展。大数据技术的全面渗透体现在信息联通、协同管理、资源整合等方面,成为智慧城市发展的基础。

首先,大数据伴随着智慧城市的建设而产生。大数据来源于物联网技术下城市资源环境、基础设施、移动设备、移动宽带网络在日常生活中产生的数据,其运行过程是物联网和人工智能等技术取得智慧城市基础数据后,运用云计算进行信息分布式挖掘,最后获得数据增值。

其次,大数据服务于智慧城市。政府完善治理能力和运行管理能力、发展数字经济、建设公共服务体系的动力和途径是建设智慧城市。这需要大数据提供支撑,发挥数据化的作用,为民众提供智能化、便捷化的服务,为城市发展提供有针对性的对策。

例如,石家庄建设国家级智慧城市时空大数据平台,整合涉及全市基础时空、公共领域、自然资源、行业部门、物联网实时感知、互联网在线抓取 6 大类 700 余小类数据，接入了多类实时感知数据及 1200 余万条人口数据、200 余万条企业法人数据，汇聚管理了亿级流数据、TB 级时空数据，还对接了石家庄市智慧政务、智慧公安、智慧城管、智慧环保、智慧应急等典型应用系统，提供数据服务。

另外，人们的衣食住行、运动医疗等信息逐渐被数据化，大数据正在改变着人们的生活。例如，智慧出行时代基于海量的大数据，进行收集、分析、应用并迭代，将交通大数据资源转换为数字资产，进化为巨大的商业价值和社会价值。只要打开手机的出行 App，系统自动优化交通路线，可以轻松、高效地享受智能交通出行的科技红利；通过一个政务 App 就可实现政务服务、交通出行、教育缴费、看病就医、智慧社区、信用支付、不动产交易、图书馆借阅、公园景点等便民服务的一键式调用，真正"不出门办事"；依托电子社保卡，市民通过二维码就可以实现在人社窗口办事、在药店买药、在医院看病等实体社保卡功能，不用再担心社保卡遗失、忘带等问题；在就医问诊过程中，全过程无须排队，通过线上预约和线上支付，不仅省去忘带就诊卡、现场充值的麻烦，还能大大节约排队结算的时间，非常方便快捷。

8.6.2　智慧城市 1.0 到 3.0 的演进

近年来，各地政府纷纷加快智慧城市建设步伐。中国智慧城市的发展已经从单点突破的 1.0 模式发展到城市数据集中式管理的 2.0 模式，又发展到将产业、城市、人融合的协同综合治理 3.0 模式。

1. 智慧城市 1.0：传统信息化阶段

2009 年开始智慧城市建设，中国还不具备全局数字化的条件。

数字设备的普及只能通过点状分布式的方式,帮助社会部分领域实现信息化。这个阶段的智慧城市以政府为建设者,在政府管理场景下应用,聚焦在垂直领域更加专业、更加精细化管理的问题。如交通领域,交管部门、运输部门通过更多技术的应用,包括 RFID 和新型智能摄像头等,能够解决交通管控的问题。1.0 阶段因为是分系统的建设,数据隔离分散,难以协同高效的弊端明显,并没有真正实现智慧化。

2. 智慧城市 2.0:集中数据,初现智能

2013 年开始,互联网和移动互联网的普及带来了智慧城市建设高峰。智慧城市 2.0 由政府主导,企业参与,注重数据整合,重点建立城市公共信息平台和基础数据库,初步实现城市智能管理。在这个阶段开始有企业参与智慧城市建设中,在"一云一网一图"的技术架构下,实现政府部门、政府与企业之间的数据交换共享,强调数据的集中和互联互通,打破数据孤岛,实现以城市为单位的目标、规划和资源的统筹。各行业也打开新的应用场景和模式创新,媒体娱乐、教育、零售、健康等进入智慧化阶段。但是在这个阶段,仅有政府部门实现了数据共享交互,各行业场景尚聚焦在数据资源获取中,真正的利民化应用还不多。

3. 智慧城市 3.0:全面互联和以人为本

2016 年开始,智慧城市 3.0 建设的核心特征是城市互联、数据开放、以人为本,通过跨境电商、智慧物流、智慧园区、智慧旅游等应用,实现城与城、国与国之间的信息、文化交流。主要措施有下一代 ICT 技术设施部署、构建数据生态圈、推动大数据应用、建立数据开放机制、推进城市互联、构建智慧城市群等。

未来智慧城市的发展将以终为始,"以人为本"成为终极目标,感知人的需求,实现人的需求,保障人类的健康、安全和生存。在

未来的城市规划方面,深度挖掘城市地理、气象等自然信息和经济、社会、文化、人口等人文社会信息,可以为城市规划提供强大的决策支持,强化城市管理服务的科学性和前瞻性,从而做到"以人为本、未雨绸缪"。

8.6.3　城市数字化到数字化城市

国家"十四五"规划中对加快建设数字经济、数字社会、数字政府、营造良好的数字生态做出明确部署,未来,智慧城市将从城市数字化发展到数字化城市,整个城市在数字领域形成"数字巨系统"。

城市数字化阶段,很多城市里的数据主要由各个委办局管理,垂直条线的数据没有数字化,文档和信息大多是纸质的,更多是把一些存在物理空间的数据变为存在于数字空间。而通过运用数字孪生、人工智能等技术,能够打造新的城市管理模式,全面感知城市现存问题及潜在风险,提升城市决策者、管理者的管理水平和治理能力,为政府和相关产业带来机遇。未来的数字城市不仅要把存在于各个条块里的数据融合起来,即"数据交换与共享",形成对整个城市全局、全貌的总览,更多是把人工智能同城市管理结合,通过仿真、孪生、元宇宙等技术,帮助决策者通过预判、预演、预案等智慧化手段做出辅助决策的分析。

中国的数字化城市建设是促进国家信息化的最重要内容之一。随着数字化城市的实现,将会更加优化地去配置城市的自然资本、货币资本、人力资本、生产资本、社会资本和政治资本,由此达到大力节省资源、提高整体效率、促进经济发展、推动社会进步、改善生态质量的基本要求,将国家可持续发展战略所规定的目标大大地向前推进一步。

8.6.4　万物连接的智慧城市

万物互联场景下,智慧城市的交互性也将迈上新台阶,各要素之间形成互动新生态。

一方面,智慧城市投资将会继续加码。智慧城市基础设施如物联网、环境传感器、全光网络、5G全覆盖、人脸识别与物体识别摄像头、智能抄表、车联网等将是智慧城市的重点投向。同时,智慧城市投资将会从物理空间延伸到数字空间。智慧城市基础设施将不再只是道路、高架桥、水电等,而是承载了城市管理的信息基础设施,这些信息基础设施将与物理基础设施逐步实现物网融合。另一方面,伴随着科技设备的井喷,针对科技设备和数字空间的设计、运营、维护、培训、管理等全流程服务成为重点,如何用好智慧城市将会是下一阶段的重点任务。

未来,随着智慧城市的进一步发展,将有更多垂直领域应用。例如,医疗行业的健康平台可以在城市医院、疾控系统、社保中心、药店等系统中进行数据互通,从而可以及时分析、判断城市中市民的健康状况,制定出城市的健康发展政策并进行重大传染疾病应急指挥。例如,城市生态平台可以对城市环境传感器终端、卫星数据、气象数据、环境监测数据进行综合判断,并分析城市的生态质量;也可以通过复杂、科学的管理手段,分析环境生态数据,预判雨季城市内涝点并及时做好灾害防范。例如,城市信息平台可以实时分析城市内公共事件的群体反应状况,并及时采取应急措施。

其实,未来的智慧城市远远不止这些,它充分运用AI+技术手段,感测、分析、整合城市运行核心系统的各项关键信息,提高城市运作及管理效率。对于民生、环保、公共安全、城市服务、工商业活动在内的各种需求做出智能的响应,为人类创造更美好的城市生活的同时,增强城市可持续发展。

第9章

不断涌现的新领域

9.1　元宇宙

　　元宇宙(Metaverse)无疑是当下最热门的新概念、新领域,从互联网到科技界,从产业界到投资界,都趋之若鹜,竞相进入这个领域。2021年被称为元宇宙元年,科技巨头如 Facebook、Google、微软、苹果、英伟达等争相在元宇宙领域投入巨资进行并购和研发。全球一些发达国家及城市如新加坡、韩国、日本、迪拜、中国香港都把元宇宙作为重点战略领域来支持和发展,迪拜甚至提出要成为世界的元宇宙中心,新加坡要把整个新加坡做三维建模,使其成为世界上最大的数字孪生体,韩国则投入2000多亿韩元发展虚拟世界产业。中国以北京、上海、广州、深圳、杭州、厦门、成都为代表的三十多个城市都把元宇宙列为战略发展重点,并制定了全面的扶持政策,在元宇宙领域争创领先。

　　元宇宙是目前所有数字技术的集大成者,开启了人类生活的全新的数字空间和数字世界,也为人类迈向数字文明时代,实现数字永生开启了无穷的想象空间和机会。

9.1.1　什么是元宇宙

　　元宇宙是由英文的 Metaverse 翻译而来的,其中 Meta 表示"元"或者"超越",verse 表示宇宙(Universe),合起来叫作"元宇宙",或是"超越宇宙"。也有把元宇宙翻译为"元界""超元域""超感空间"等其他名词的。

　　Metaverse 的概念最早出现在著名的美国科幻小说家尼尔·斯蒂文森(Neal Stephenson)1992年出版的科幻小说《雪崩》(*Snow Crash*)里。书中描述了现实世界中的人在一个虚拟世界

（Metaverse）中都有一个虚拟化身（Avatar），现实世界的人戴上耳机和视觉装置，连接上计算机，就能够用虚拟身份进入一个和真实世界平行的新宇宙，在其中自由生活。

由于元宇宙概念的出现和发展还很新鲜，其定义和理解都还是"见仁见智"，没有一个统一的说法。国家科学技术委员会关于元宇宙的定义是"人类运用数字技术构建的，由现实世界映射或超越现实世界，可与现实世界交互的虚拟世界"。

北京大学陈刚教授、董浩宇博士对元宇宙的定义是"利用科技手段进行链接与创造的，与现实世界映射与交互的虚拟世界，具备新型社会体系的数字生活空间"。

清华大学沈阳教授则这样定义元宇宙："整合多种新技术而产生的新型虚实相融的互联网应用和社会形态，它基于扩展现实技术提供沉浸式体验，以及数字孪生技术生成现实世界的镜像，通过区块链技术搭建经济体系，将虚拟世界与现实世界在经济系统、社交系统、身份系统上密切融合，并且允许每个用户进行内容生产和编辑"。

也有学者通过时空性、真实性、独立性、连接性4方面去交叉定义元宇宙：从时空性来看，元宇宙是一个空间维度上虚拟而时间维度上真实的数字世界；从真实性来看，元宇宙中既有现实世界的数字化复制物，也有虚拟世界的创造物；从独立性来看，元宇宙是一个与外部真实世界既紧密相连，又高度独立的平行空间；从连接性来看，元宇宙是一个把网络、硬件终端和用户囊括进来的一个永续的、广覆盖的虚拟现实系统。

把这些定义放在一起，可以形成对元宇宙的一个相对全面的认识。总体来看，元宇宙并不是一个全新的概念，它是新一代信息技术，包括云计算、物联网、大数据、人工智能、区块链、数字孪生、虚拟现实/增强现实/扩展现实等技术，与人文学、经济学、社会学等学科交叉融合的概念具化。

9.1.2　元宇宙的要素

元宇宙的基本构成有以下 5 大要素和体系。

1. 数字身份体系

每个用户在元宇宙里都有一个对应的数字身份，用户在元宇宙里所有的资产、行为和数据都归属于这个数字身份。数字身份由用户自主掌握，具备安全性和隐私性。用户基于数字身份可以进行数字交易及协同。

2. 数字资产体系

元宇宙是一个数字化的虚拟世界，在其中的资产都是数字化的形式，用户的数字资产的形态可以是数字货币、数字金融资产，以及其他可数字化的资产，包括：

* 不动产、企业资产、城市资产；
* 数据、知识产权；
* 文化艺术品；
* 数字产品。

3. 社会体系

用户在其中有社会体系及社交关系。其中的社会体系与现实社会的社会体系的架构组织可能类似，也可能采取 DAO（分布式自治组织的形式），或是其他形式的生产合作社（Cooperative，Co-op）体系，也有可能进化出更适合数字社会的创新的社会关系及体系。

4. 经济体系

人们在元宇宙同样需要生活、工作、学习、协作、创作，进行娱乐、休闲等各种活动,甚至,有人预测未来人类可能80％的时间会在元宇宙里度过,在现实世界里仅仅是保持基本的物理生存。所以在元宇宙里的经济体系非常重要,人类需要在元宇宙里获得报酬,实现价值,进行协作和交易。因此元宇宙里的经济体系的架构、激励体系的构建也是元宇宙能够持续运营和发展的重要组成部分。

5. 交互体系

元宇宙提供了超越现实世界的交互和体验的形式和方法,它可以符合现实世界的物理定律,也可以超乎想象和梦境。现有的虚拟现实/增强现实/扩展现实技术,包括脑机接口技术,未来在元宇宙的交互体系中,可能都只能算最基础的交互技术。因为未来,可以打开无限的超现实空间。这也是为什么 Meta 这个词可以是超越的意思。

基于这5大体系,沿着技术、呈现、体验、文明等维度,可以有很多很多的要素拓展和组合。因此,关于元宇宙也有其他的要素定义。元宇宙游戏平台 Roblox 给出了元宇宙的8大要素定义:身份、朋友、沉浸感、低延迟、随地、多样性、经济系统和文明。

- 身份(Identity):元宇宙里面每个人都可以拥有数字身份,可以构建有别于现实世界的虚拟化身形象。有了数字身份,才可以在元宇宙里面进行创新、创造、工作、生活、休闲、娱乐等各种活动。身份也是数字资产的所有者,跟经济系统有效连接。

- 朋友(Friend):用户之间可以互相交朋友,提供社交属性,打造社交网络。

- 沉浸感(Immersive):在元宇宙中需要依托先进的交互技术,获得类似于真实体验的沉浸式感知。但同时也可以保持和物理世界的现实感知和连接。

- 低延迟(Low Friction)：在元宇宙中的处理速度和互动传输的速度必须快，否则延迟感会严重降低用户的真实感和体验感受。
- 随地(Anywhere)：能够超越空间限制、地理限制，随时接入元宇宙进行互动和体验。
- 多样性(Variety)：需要提供多样化、差异化的内容和体验，让用户可以依据自己的喜好随意探索。
- 经济系统(Economy)：建立数字空间的经济体系及激励体系，用户可以在其中获得数字资产，数字资产可以在虚拟与真实世界中转换。
- 文明(Civility)：虚拟世界既是现实世界的映射，同时虚拟世界又是现实世界的拓展和延伸。在虚拟世界中可以发展出虚拟世界独特的文明。

9.1.3　元宇宙带来的颠覆

元宇宙的概念、技术、模式及应用所带来的变革和颠覆，可能未来会完全超越人类自己的理解和想象。毕竟，我们所在的物理世界，很多杰出的科学家、思想家和哲学家都认为是更高智慧所创造的一个"虚拟世界"，即我们活在一个创造出来的"元宇宙"中，我们对它的认知还只有一星半点。那么当由我们人类自己来定义和创造"元宇宙"时，尽管很多是基于我们已知的知识和空间，但其未来的发展和演化，我们又能做何预测呢？

仅仅基于现在对元宇宙的认知，元宇宙在很大程度上可以对以下方面带来颠覆式的变革和创新。

1. 感官和意识方面

元宇宙是对感官和意识的全面突破和探索，是要在时间、空间及体验这几方面突破物理世界的限制。在科幻电影《黑客帝国》《阿凡达》《盗梦空间》《头号玩家》《失控玩家》里面，已经看到了各种元宇宙技术和体验能够带来的颠覆。《黑客帝国》中的尼奥可以突破物理规律的限制，穿墙越壁、挡子弹，甚至在数字空间里让崔尼蒂死而复活，《盗梦空间》里的空间可以折叠、镜像，时间可以无限拉长，《头号玩家》里可以跟各种巨人、怪物并肩战斗，《失控玩家》里可以开飞机坦克，干想干的事。这些在元宇宙里都是可实现的场景，但已经是足够让一个常人神智错乱了。

2. 信息消费

元宇宙的诞生，其中一个原因是人类的物质生活和消费已经到达了非常发达的阶段。现代化的生产、物流以及互联网消费平台已经让人们可以足不出户，享受到来自全世界的产品和服务。新时代的人类，我们所说的"Z世代"已经不满足于物质消费了，他们更倾向于精神消费、信息消费、数字消费。元宇宙在文化、娱乐、思维、创新、创作这些领域将形成全新的消费风向和潮流。

3. 工作与生活方式

互联网已经极大地变革了人们的工作和生活方式，当信息消费成为主导之后，元宇宙将带来工作及生活方式的更大变革。所谓的下一代互联网——Web 3.0，是以信息消费为基础，实现数据及资产个人化确权，所以围绕数字资产及数据的创作、确权、交易及分配体系将是Web 3.0的底层基础，而元宇宙是在其基础上，拓展了交互、互动及体验的方式，所以会带来更广泛、更高维度的变革和颠覆。

4. 技术创新与协作

元宇宙是新一代信息技术、数字技术的集大成者，同时又是社会化协作的试验田,因而会衍生出全新的技术创新及协作模式,人、数字化工具、AI算法、人机协同这些都会不断演化,全面变革社会生产关系,提升社会的生产效率。

5. 产业模式

技术创新会推动产业协作方式、生产组织方式、社会分配方式的变革,经济体系的架构和重构,更会带来新业态、新模式、新的生产关系的重组,因而会极大地变革传统产业的生产、组织、协作、供应、服务、分配全产业链条,从而推动整个产业模式的变革。区块链、数字孪生已经在重构一些产业的供应链及协作模式,元宇宙会在更大的范围和空间进行产业颠覆。

6. 城市智慧化发展及建设

元宇宙对于城市、生态的规划、发展、建设及运营,同样会带来颠覆式的变革及创新。城市是人类生存的基本空间,在元宇宙中将以数字化的方式呈现,也将会是各种科技及体验的融合呈现。城市中的人、产业都实现了变革及颠覆,其所运营的城市也必然要随之变革,整个社会的治理模式、协同模式也会有极大的创新和发展。

7. 人类文明的发展和延续

元宇宙对数字技术的颠覆式革新,将引发信息科学、量子科学、数学和生命科学的互动,从而改变科学范式;元宇宙还将推动传统的哲学、社会学、伦理学,甚至人文科学体系的突破和变革。元宇宙的潜力展现了一个与大航海时代、工业文明时代、航空航天时代具备同样历史意义,甚至是超越它们影响力的新时代:数字文明时代。

元宇宙未来的深远影响,将远远超越现在所看到的游戏及社交领域的突破。元宇宙的出现可能改变人类社会对于"自身存在"的主流认知,向虚拟时空的迁徙是信息技术和人类文明发展的必然趋势,而数字文明也可能是实现人类文明永久延续的一种选择。

9.1.4 元宇宙的实现基础——数据

从元宇宙定义(数字空间、数字世界),再到其核心的 5 大体系 8 大要素,可以看出这些都需要基于数据,海量的数据,超出我们所能处理范围的数据。是的,元宇宙实现的基础就是数据,而阻挡元宇宙实现的挑战也是数据。很多人预测,距离理想的元宇宙的实现,还有至少三十年,暂且不谈虚拟现实、扩展现实等交互硬件的挑战,仅仅数据和算力的挑战就相当艰巨。

以一个城市为规模,来看看实现一个城市级元宇宙的数据规模。首先需要城市的所有运行数据,从气象到交通、电力、楼宇等所有的基础设施,然后是里面所有的人口及家庭、企业及员工、生活及工作的配套。之后需要建立他们的身份、社会关系、经济关系、资产,然后是与整个城市的交互和互动。再之后才是他们的创作和协作关系。现在已经需要一个城市级的数据和信息系统了,尽管才刚刚模拟了一个物理城市的运行而已。

所以,尽管元宇宙实验只是在模拟一个城市的数字化运营,但是它所需要的数据量跟一个物理城市真正的运营相差无几。看一下虚幻引擎发布的《黑客帝国 4-觉醒》的游戏数据:"这座城市包括 700 万个实例化的对象,每个对象由数百万个多边形构成。其中有 7000 栋由数千个模块化部件组成的建筑、45 073 辆停放的车辆(38 146 辆可驾驶)、超过 260km 的道路、512km 的人行道、1248 个十字路口、27 848 根灯柱和 12 422 个窨井。"在这上面需要做数字化的延展,还要做各种时间、空间、物理上的突破,这方面的数据和模型就更加复杂。

9.1.5　元宇宙的数据需求

元宇宙的数据也同样来自多源多方面，才能起到既模拟现实物理世界，又能扩展数字世界的作用。元宇宙中需要以下几方面的数据，而具体的数据的精度和粒度则取决于元宇宙仿真和模拟的细致程度。

1. 空间

我们首先生活在物理空间里，这个空间既可以宏观到整个浩瀚的物理宇宙，又可以微观到粒子层面。元宇宙首先需要建立数字世界的空间数据，如一个星球、一个城市、一个社区等。

2. 位置

数字空间里所有的人、事、物都有其位置信息，有的是静态的位置，有的是动态的位置。

3. 场景

围绕空间、位置，还需要打造叙事场景，如工作场景、娱乐场景、旅游场景、创作场景等。

4. 流程

每件事情都有其流程，结合场景及流程就可以形成诸多的叙事线条，在元宇宙里就可以发生很多故事和事件，可以模拟历史进程，也可以开辟新纪元。

5. 动态

参与一个事件的人、事、物都有其动态，如汽车的行驶，人的出行、行为、表情、动作等，人与人的互动等。

6. 关系

任何事物都有其关联性，如人与人之间的社会关系、企业之间的生产协作关系等。

7. 规则

万事万物运行都有其规律和规则。宇宙运行有其物理规律、社会运行有相关的法律法规、企业运行有其规章制度、人与人之间遵循道德伦理等，都可以归入这一类数据。

8. 价值

人类的经济活动建立在价值创造和价值交换的基础上，基于价值、规则和关系可以制定元宇宙里的经济体系。

9. 生态

生态是一个体系或组织的一个动态的平衡的状态和过程。它建立在一系列事件、关系、规则之上，也可能是在价值之上的。

元宇宙对于数据的需求覆盖了数据全生命周期的方方面面，从数据的采集、存储到交换和交易，也需要数据标准、数据质量、数据安全等的配套。它同样涵盖了数据资产、数据要素市场化配置等市场化、商业化的需求。因为元宇宙需要模拟我们所在的宇宙，自然它对数据的需求也就涵盖了数据相关的所有需求的全集。

当然，真正要建立一个完善的元宇宙体系，它所需要的数据的种类可能远远不止上面所列出的这些类型，在这里只做简单的分析。这些数据获取的来源，大部分是来自真实生活的物理宇宙中的，来自对这个世界的掌握和理解。利用先验知识可以构建出元宇宙的数字化场景及故事线出来。当与元宇宙进行互动时，需要

建立物理世界与虚拟世界的连接,这可以通过各种物联网和数字
孪生技术实现。如果需要将虚拟世界的信息反馈回物理世界时,
如在其中所体验到的感官的刺激:视觉、味觉、嗅觉等,也可以通过
前述的穿戴设备、植入设备,甚至是脑机接口来完成。而对于超越
现实的数字化世界,就需要充分发挥元宇宙架构师和设计师的想
象,还有每个人的创造和创意,来共同打造一个未来的元宇宙的超
越世界了。

9.2　区块链

区块链是价值的网络,是信用的机器,也是元宇宙最底层保障
资产和数据权利的基础。区块链同样是社会生产关系构建和重组
的基础,只有理顺了生产关系,才能最终发挥数据生产力的价值,
所以区块链对于数据产业和应用的发展,以及价值的发挥,也起着
非常关键的作用。

9.2.1　区块链的概念

区块链简单地说,就是分布式账本和分布式记账的机制,能够
保证账本是安全、可靠、不可篡改的。再详细一点定义,区块链是
把一定时间段内的事件及交易组织成数据区块,按照时间顺序,将
数据区块以顺序相连的方式组合成的链式的数据结构,即公共账
本,再以密码学方式和分布式共识机制保证账本的不可篡改和不
可伪造,从而能够保证事件及交易行为的真实性和不可篡改性,形
成一个可信任的合作环境和体系。

换一种相对容易理解的说法,其实区块链就是网络中的分布
式数据库,通过对等网络来存储使用者的资产登记和交易信息。

总体来说,可以将其视为一个公开的记录系统,其中记录了所有的交易过程及数据。而这个交易记录是通过密码进行保护的,会根据时间顺序将记录保存在数据库里,数据库会同步到网络上所有参与的计算机中,以保证数据库不会丢失,所有交易能被验证,不会被改动。

区块链技术是网络中一种分布式架构系统,通过密码学、共识算法、P2P(点对点)对等网络交互,实现网络中以去信任化的方式,全节点集体维护分布式账本,保障其安全、一致、可靠的技术架构。

9.2.2　区块链的起源

2008 年,一位化名为"中本聪"(Satoshi Nakamoto)的学者在密码学邮件组发表了一篇奠基性的论文《比特币:一种点对点的电子现金系统》。在这篇论文中,他第一次提出了"区块链"的概念。自 2008 年经济危机爆发后,人们对于纸币的发行机构信心大为减弱,这时,在一个秘密讨论群"密码学邮件组"出现了一个新帖子:"我正在开发一种新的电子货币系统,采用完全点对点的形式,而且无须受信第三方的介入。"该帖的署名就是中本聪。该文章阐述了基于 P2P 网络技术、加密技术、时间戳技术、区块链技术等的电子现金系统的构架理念。

两个月后该理论步入实践,2009 年 1 月 3 日,在位于芬兰赫尔辛基的服务器上,中本聪生成了序号为 0 的第一个比特币区块,也就是创世区块(Genesis Block),同时在互联网上线了比特币网络,将比特币落地实现为一个实际运行的区块链系统。2009 年 1 月 9日出现了序号为 1 的区块,并与序号为 0 的创世区块相连接形成了链,标志着区块链的正式诞生。

这个新的电子货币系统就是比特币。在比特币体系中,网络中每个人都能参与记账(挖矿),进而得到比特币奖励。在这个过程中,电子货币的发行不需要央行这一中心化的货币发行机构,而只需要区块链网络及共识算法。而且,账本的记录(即比特币的挖掘过程),对每个记账者(矿工)而言都是公平的,除非是挖掘比特币的生态系统中,超过51%的比特币网络节点都被窜改攻破,否则比特币体系无法被攻破,保障了整个货币及记账体系的安全。另外,数字货币可以避免被货币发行机构的不良决策影响,能够杜绝人为因素导致的货币危机。

比特币于2009年被挖出,这可以说是区块链1.0时代的开端,而后越来越多的数字货币相继出现。这个阶段,人们还沉浸于数字货币去中心化的伟大创新中,以及数字货币的高额回报率,但还没有对数字货币的其他价值,尤其是产业价值予以开发。

9.2.3　区块链的历程

总体来说,区块链从发现到现在,经历了3个主要的阶段。

区块链1.0时期是以比特币为代表的电子货币、加密货币时代,主要用于数字货币的转移、支付、结算等。但这些支付应用还没有大范围地普及到生活中,对于人类的生活习惯以及金融体系的触动和改变不大,因而区块链的概念也难以推广普及。

区块链2.0时代是2013年以太坊(Ethereum)系统推出的、一个开源的有智能合约支持的公共区块链系统。通过数字货币与智能合约相结合,为数字资产的发行以及上层应用的开发提供基础设施支持,实现对金融领域更广泛的场景和流程的支持。智能合约是一套以数字形式来定义的承诺,其合约参与方可以在区块链上面签订并执行这些承诺的协议,保障了合约的可执行性和守约性。

到了这个阶段,区块链技术靠着可追溯、不可篡改等特性,为智能合约的运行提高了可被信任的执行环境。这一切,使得合约实现自动化、智能化成为可能,使得区块链从最初的货币体系拓展到股权、债权和产权的登记、转让,证券和金融合约的交易、执行等金融领域。区块链的技术应用得到了极大的突破和发展,尤其是基于区块链系统上的分布式金融(DeFi),如跨国交易、借贷、金融投资等取得了长足的发展。

但是,区块链 2.0 主要还是集中在区块链在金融领域的应用场景,对于如何更好地与其他行业场景相融合、赋能实体经济,并没有取得实质性的突破。期间由于区块链的分布式、去中心化的特性,以及缺乏新兴行业的监管政策法规及相应的技术措施,还造成了乱发空气币、欺诈、传销、炒作等各种涉金融的行业乱象,给区块链技术的普及和推广蒙上了阴影,造成了相当大的阻碍。

自 2019 年以来,区块链已经跨入了 3.0 的发展阶段,其核心目标是赋能各行各业,促进实体经济的发展,提高各行业的效率。区块链 3.0 能够落地应用在身份认证、公证、审计、物流、溯源、医疗、能源、旅游、教育等领域,满足更加复杂的商业逻辑,成为行业和社会的一种最底层的协议。

区块链 3.0 发挥的是价值互联网的内核。区块链能够对每个互联网中代表价值的信息和数据进行产权确认、计量和存储,从而实现资产在区块链上可被追踪、控制和交易。

当前,全球已经进入了元宇宙和 Web 3.0 时代,其价值逻辑是用户将真正享有数据自主权,拥有各种形式的数字资产,通过在数字网络、数字空间中的创造、创作及参与行为获取经济收益和奖励。这也对底层的区块链技术提出了更深入的挑战,包括高并发性、公平性、节能、安全性、支撑全球数十亿人在线、移动端支持、分布式存储、分布式计算等在内的区块链底层技术都需要突破和升级。当基于区块链的下一代互联网技术能够真正赋能全球用户,并且构建全球范围的扩展的虚拟社会体系及经济体系时,区块链将正式步入区块链 4.0 的发展阶段。当前全球领先的一些公链技术,如 Cosmos、Aptos、生物链林 BFChainMeta 等,都在朝着人类的数字文明这一阶段不断创新和发展。

在我国的政策支持层面,对于区块链技术及产业应用,国家也在持续推动。2019 年 10 月 24 日,在中央政治局第十八次集体学习时,习近平总书记强调,"把区块链作为核心技术自主创新的重要突破口","加快推动区块链技术和产业创新发展"。区块链已经上升为国家战略,成为全社会的关注焦点。

2021 年,国家高度重视区块链行业发展,以发改委、工业和信息化部等各部委牵头发布的区块链相关政策已超 60 项,区块链不仅被写入我国"十四五"规划纲要中,各部门更是全方位推动区块链技术赋能各领域发展,积极出台相关政策,强调各领域与区块链技术的结合,推动"区块链+"行业的国家级试点计划,加快推动区块链技术和产业创新发展。

随着全球各国加快布局元宇宙产业,我国及各地政府对于元宇宙、数字资产 NFT(Non-Fungible Token,非同质化通证)、区块链的支持扶持力度又上了一个新台阶,底层区块链技术的竞争将是未来全球技术竞争的焦点,因而未来在区块链底层公链、基础设施、操作系统及硬件、芯片领域,在我国都会迎来蓬勃的发展。

9.2.4　区块链的特征

区块链具备以下几个突出的特征。

1. 去中心化

区块链技术不依赖额外的第三方管理机构或硬件设施,没有中心化管制,除了自成一体的区块链网络本身,通过分布式计算、存储及共识算法,各个节点实现了信息自我验证、传递和管理。去中心化是区块链最突出、最本质的特征。

2．开放性

区块链技术基础是开源的，除了交易各方的私有信息被加密外，区块链的数据对所有人开放，任何人都可以通过公开的接口查询区块链数据和开发相关应用，因此整个系统信息高度透明。

3．独立性

基于协商一致的规范和协议，整个区块链系统不依赖其他第三方，所有节点能够在系统内自动、安全地验证、交换、记录数据，不需要任何人为的干预，可以稳定、持续地运行。

4．安全性

依据区块链底层的共识协议及加密、安全、容错机制，只要不能掌控超过一定比例的运行节点（比特币网络是51％），就无法肆意操控修改网络数据，这使区块链本身变得相对安全，能避免主观人为的数据变更及恶意的攻击。

5．可靠性

区块链上的账本数据保存多个副本（比特币网络是所有节点都要保存副本），任何节点的故障都不会影响数据的可靠性。共识机制使得篡改大量区块的成本极高，几乎是不可能的。破坏数据也不符合重要参与者的自身利益，这种实用设计增强了区块链上的数据可靠性。

6．匿名性

除非有法律规范要求，单从技术上来讲，各区块节点的身份信息不需要公开或验证，信息传递及交易可以匿名进行。

9.2.5　区块链的应用领域

区块链当前的应用领域已经非常广泛,下面列举几个典型的行业应用。

1. 区块链＋存证

区块链的功能首先在于能够将数据及交易存储在链上,并能够被广泛地验证。因此,将区块链应用于存证领域,是一个比较自然的选择。凡是在生活中需要用到的证照应用,如出生证、结婚证、房产证、营业执照、执业资格、公证等都可以用区块链来解决。区块链存证的好处在于,只需要做一次验证(有的需要线下的、物理的验证),就可以终生上链。如在国家推行的政务一网通办等领域,只要建立数字身份体系,打通部委之间的业务协同,那么区块链证照就可以跨部门跨地域使用,解决"证明你妈是你妈"这样的问题就非常简单了。同时这也极大地提升了工作流程和效率,精简了很多办事环节。湖南省娄底市的"区块链＋不动产"应用,就是把全市的房地产登记、转让、交易的信息全部上链,在区块链行业树立了很好的应用示范效果。

2. 区块链＋溯源

区块链可以将商品、农产品、工业产品的全生产过程和全生命周期的数据全部记录在链上,在每一个环节,结合物联网来解决原始数据的采集,以及采集数据上链且链上数据完全一致这些关键问题,就可以做到全程溯源、全程保真的效果。这样就可以验证产品的真伪,如是否为有机产品、是否是真实的产地、产品的加工过程是否无添加等,好的产品就能卖出好的价格,赋能乡村振兴和实体经济消费。

3. 区块链＋供应链

类似于上面的溯源过程,区块链技术能够围绕企业搭建一条包括制造商、供应商、分销商、零售商、物流公司、终端用户等在内的完整链条,相关的资金流、信息流、货物流都记录在链上,不可篡改。区块链还能结合物联网,实时掌握订单和货物的情况,达到产业协同工作的目的。

企业通过区块链,能实时了解上下游的产品、订单的生产供应及资金情况,将供应链透明化、可视化,达到降低企业库存成本,提高协同效率,给企业应对突发事件提供即时支持,也为审计提供了便利;结合供应链及资金的需求和流动情况,还能够给企业提供供应链金融的服务。

4. 区块链＋知识产权

当前知识产权领域面临的主要难题是产权难以界定,侵权难以取证,版权得不到有效的流转,知识产权不能产生相应的交易及价值。区块链在知识产权领域的应用,首先可以对知识产权进行确权,同时通过智能合约,版权所有者可以制定和选择适合的条款来开放作品使用权,并在没有中介的情况下,转让或交易作品的使用权限,达到产权流通和获利的目的。区块链＋知识产权可以给行业带来多重好处。

(1) 通过确权,保护知识产权。

(2) 能够跟踪和阻止作品被侵权的行为。

(3) 艺术家可以自主决定作品被他人使用的条件,而消费者必须通过同意并遵守这些条款和条件来下载或使用其作品。

(4) 可以有效地促进作品流通,发挥作品的商业价值。

当前业界流行的 NFT 实质上是版权化了的数字产品,通过区块链上的记录,证明其唯一性及非同质的属性,同时通过链上的产权转移，可以实现数字产品的销售和转让，产品的版权方还可收取流通版税，可以有效地促进数字艺术品、数字化产品的价值流通，让创作者享受收益。而 NFT 也成了 Web 3.0 及元宇宙中的用户创作的有效数字化载体。

5. 区块链＋能源交易

当前全球都面临能源危机，为了缓解这一难题，也出现了很多新能源及绿色能源替代。使用区块链，可以对能源的全过程进行记录和计量，同时还可促进分布式的能源交易。利用分布式账本和智能化的合约体系功能，可以将能源流、资金流和信息流有效地衔接。

在能源行业中，区块链技术正被用以核查能源来源、降低交易成本，以及提高交易效率。

（1）实现区块链能源点对点交易。利用区块链去中心化和分布式的特点，可以不通过公共的电力公司或第三方的代理公司，用户可以通过区块链直接向其他人购买或者销售电力能源，点对点地完成电力能源交易。这样可以大幅度降低电力的交易成本，提升交易效率，促进能源的有效流通。

（2）区块链的传统能源技术新应用。能源公司可以利用区块链技术，建立一个分布式的天然气和电力计量系统，让消费者在不同的能源提供商之间获得服务，并且通过区块链技术对能源计量表进行有效的管理。

（3）通过建立区块链能源交易平台，允许更多的绿电进入能源交易市场，实现 P2P 能源市场，促进市场流通，综合地降低能源成本及交易成本。

6. 区块链＋"双碳"

我国已经向世界做出承诺，在 2030 年实现全面的碳达峰，在

2060 年实现碳中和。当今气候和环境已经成为全球关注的焦点。地球大气的温度逐年升高,已经带来了全球气候的急剧变化,以及很多灾难性的后果。我国一年的二氧化碳总排放量超过了 110 亿吨,占全球总排放量的近 1/3,因此我国的"双碳"战略对于全球的碳排放都具备至关重要的作用和意义。

区块链＋"双碳"领域的一个典型应用是"碳元域",通过区块链技术,面向 C 端建立用户的碳足迹,推进碳普惠,使得老百姓的衣食住行都跟低碳、节碳、消费关联起来。面向企业端则是共同建立和制定行业的节碳标准,进行碳测量、碳计量、碳资产管理及绿色金融等,将跟"双碳"相关的所有数据、过程进行记录和上链,还可帮助企业进行"双碳"的改造。区块链＋"双碳"平台还可与政府及城市一起,发挥以下作用。

(1)制定地方的"双碳"发展规划及执行方案,与城市建设及发展规划紧密结合,形成智慧与减碳节能并行发展。

(2)规划及建设低碳、零碳城市、园区、社区、小区及建筑,也可先行设立绿色特区试点,将低碳、节碳与城市各级的治理、运行结合起来,全面掌握碳运行状态,建设网格化的低碳生态城市。

(3)在电力能源、工业制造、交通、建筑、环境等各个重点排放领域,率先制定法律法规,促进减排和碳改,进行全流程、全环节的碳计量,形成地方及行业标准,并最终上升为国家标准。

(4)对地方的山水湖田林草沙等碳汇资源进行统筹规划、测量、计量认证,形成地方的规模性碳资产,发展碳汇交易及碳金融产品,增加地方收入,并有计划地扩展国储林、林草湖田面积,增加碳汇储备。

(5)优先发展新能源、清洁能源、循环资源利用等产业,鼓励绿色基础设施及高科技、集约产品及技术的建设及利用,逐步减少或淘汰高排放、重污染企业。

(6)率先将碳普惠政策及计量纳入城市运行管理的方方面面,

形成各个行业、企业及个人的碳积分,可以与城市的各项消费、信用、奖励挂钩,促进碳积分全面流通。

总之,国家的"双碳"行动最终需要落实到地方、企业和个人,只有每个地方政府及城市积极行动,才能实现大国承诺,在地球生态和环境保护方面发挥中国的引领作用,给子孙后代创造一个清洁美好的未来。

区块链还可应用在政务、医疗、教育、旅游、文化等各个行业,除了发挥以上所述的作用之外,还可以发挥产业协同以及数据确权、价值流转的作用,在此不再详述。

9.2.6　区块链的数据需求

区块链系统本身是一个分布式数据库的系统,在其中实现了数据的存储、数据的加密、数据的验证及同步、数据的安全及容错等很多与数据相关的核心功能。区块链在很多行业应用中,还需要与物联网结合,实现数据的采集。在医疗等行业应用中,还需要与数据处理、算法、人工智能等结合,来挖掘数据的价值。

区块链在数据的融合、确权、存证、交换、交易,数据资产的管理,数据要素的交易及分配等领域则起着非常关键的作用,是确定数据、资产的权属,记录交易及流转的全过程,执行和完成交易分配的关键基础设施和底层技术。可以说大数据和区块链是相辅相成的,数据起着生产力变革的作用,而区块链除了在确权、存证、行业协同、交易分润等领域发挥作用之外,最重要的还是变革和理顺行业的生产关系,理顺数据的权属关系和价值关系,从而保障数据发挥其最大的生产力作用和生产力价值,促进全球的数字经济发展。

9.3 数字孪生

9.3.1 数字孪生的概念

前面的章节中已提到了数字孪生。数字孪生的概念源自美国，英文是 Digital Twin，通过一个技术化词汇 Digital 和一个生活化词汇 Twin 的组合，在人们心中形成一个具有无限想象空间的概念。其中数字代表数字化方式，孪生是双胞胎的意思。由于数字孪生涉及多技术、多学科和多应用场景，在其发展演化过程中也产生了多种多样的定义。

简单理解，数字孪生体是通过数字化方式为其物理孪生体创建的数字化模型，也被称为"数字镜像"或"数字化映射"。数字孪生表达的是数字孪生体与物理孪生体之间的映射关系。

按照咨询机构 Gartner 在 2018 年提出的定义，数字孪生是"真实世界实体或系统的数字表示。在物联网的语境中，数字孪生与现实世界的物体相连接，并提供对应物的状态信息、响应变化，以改进运营和增加价值"。

西门子对数字孪生的定义是"数字孪生体是物理产品或过程的虚拟表示，用于理解和预测物理产品或过程的性能特征"；微软对其的定义是"数字孪生体是一个过程、产品、生产资产或服务的虚拟模型。传感器启用和连接的机器和设备，结合机器学习和高级分析，可用于实时查看设备的状态。当结合二维和三维设计信息时，数字孪生可以可视化物理世界，并提供模拟电子、机械和组合系统结果的方法"；IBM 对其的定义是"数字孪生体是物理对象或系统在其整个生命周期中的虚拟表示，它使用实时数据来实现理解、学习和分析"。

从数据维度上看,数据是数字孪生的核心驱动力,着重于数字孪生在产品、设备、过程乃至整个物理世界的全生命周期的数据采集、数据管理、数据分析与挖掘、数据集成与融合、数据有效应用等方面的价值。当把数字孪生应用在整个物理世界时,就构建了一个物理世界的"镜像数字世界",因此,数字孪生也就构建了元宇宙的基础部分,即物理世界的真实映射。在此基础上,再对数字世界进行扩展,超越于现实存在的宇宙,就形成了"超越宇宙",即元宇宙。

9.3.2　数字孪生的原理

数字孪生工作的过程:首先是建立现存或未来的物理实体对象的数字模型,然后通过实测、仿真和数据分析来实时感知、诊断、预测数字模型所对应的物理实体对象的状态及运行;通过优化和指令来调控物理实体对象的行为及状态;通过相关数字模型间的相互学习来进化自身,同时改进相关方在物理实体对象生命周期内的决策。

数字孪生需要建立数字模型与实体物理对象的一一映射,这是通过对物理对象的实测,一般是各种传感器及测量手段,来获取物理对象的状态,然后在数字模型上进行模拟、仿真、分析、挖掘等各种操作,来形成对物理对象的监控、诊断和预测,进而对物理对象进行操控,以优化物理孪生体,同时也进化自身的数字模型。模拟仿真技术作为创建和运行数字孪生体的核心技术,是数字孪生实现数据交互与融合的基础。在此基础上,数字孪生必须依托并集成其他新技术,与传感器共同在线以保证其保真性、数据驱动和互操作性等特征。

9.3.3　数字孪生的基本组成

尽管当前对数字孪生存在着不同的认识和理解,还没有形成具有广泛统一共识的定义,但可以确定的是,物理实体对象、数字模型、数据、仿真、连接、功能及服务是数字孪生不可缺少的核心要素。

1. 物理实体对象

这个不用过多解释,就是需要研究、操控、分析、优化的物理对象,如工业仪器、产品、厂房、城市等。实践与应用表明,物理实体对象是数字孪生的重要组成部分,数字孪生的数字模型、数据、功能/服务与物理实体对象是密不可分的。

2. 数字模型

它是针对物理对象所建立的数字模型。数字化建模技术最早起源于20世纪50年代,建模的目的是将对物理世界或问题的理解进行简化和模型化。而数字孪生的目的是通过数字化和模型化,用信息交换能量,以更少的能量消除各种物理实体特别是复杂系统的不确定性。所以建立物理实体的数字化模型或信息建模技术是创建数字孪生体、实现数字孪生的源头和核心技术,也是"数字化"阶段的核心和"智慧化"的基础。

数字孪生建模的首要步骤是创建高保真的虚拟模型,真实地再现物理实体的几何形状、属性、行为和规则等。这些模型不仅要在几何结构上与物理实体保持一致,而且要能够模拟物理实体的时空状态、行为、功能等。因此,模型的构建不仅仅是物理形体的构建,还有几何形态的表达、数学模型的构建,以及其他专业领域的模型构建,如生物特性、材料特性、化学特性、经济特性、社会特性等,从各方面尽可能地与物理实体接近。

3. 数据

对物理实体对象进行数字化,自然就是要收集和模拟物理对象的各种数据。数字孪生所涉及的数据维度非常广,涉及产品、机器、设备、生产过程、物流、环境、空间、系统等,此外还有性能、产能、能耗、质量、成本、效率等各项指标。数字孪生只有将不同来源、不同接口、不同种类及格式的数据进行融合,才能形成对物理实体的精确监测和模拟。

由于数字孪生的数据具有多源、异构、多尺度、高噪声等特点,在融合过程中需要对数据进行清洗加工,通过机器学习、规则约束等方法对数据缺失、数据冗余、数据冲突和数据错误等问题进行处理。接着,需要对多源数据进行特征提取和信息融合,丰富模型的建模维度,形成实体对象的数字化模型。

融合之后的数据会以特定的结构和方式进行存储,以供后续的分析、挖掘、预测和决策过程使用。数字孪生强调建模、仿真、分析和辅助决策,侧重的是物理世界对象在数字世界的重现、分析和决策。对数据所涉及的分析方式有空间分析、时序分析、交叉关联分析、统计、挖掘、人工智能算法等。

4. 仿真

从技术角度看,建模和仿真是一对伴生体。建模是将对物理世界或问题的理解进行模型化处理,仿真则是基于模型来验证和确认这种理解的正确性和有效性。所以,数字化模型的仿真技术是创建和运行数字孪生体、保证数字孪生体与对应物理实体实现有效映射的核心技术与方法。

仿真是将包含了确定性规律和完整机理的数字模型,转换为软件和算法的方式来模拟物理世界的运行。只要模型正确,并拥有了完整且准确的输入信息和相关环境数据,就可以通过仿真技术来基本正确地反映物理世界的状态、特性和参数。

仿真兴起于工业领域,作为必不可少的重要技术,已经被世界上众多企业广泛应用到工业各个领域中,是推动工业技术快速发展的核心技术,也是工业 3.0 时代最重要的技术之一,在产品优化和创新活动中扮演不可或缺的角色。近年来,随着工业 4.0、智能制造等新一轮工业革命的兴起,新技术与传统制造的结合催生了大量新型应用,工程仿真软件也开始与这些先进技术结合,在研发设计、生产制造、试验运维等各环节发挥更重要的作用。

5. 连接

数字孪生需要建立数字模型与物理实体之间的连接,来双向传递信息,同时实现操控。从满足信息物理全面连接映射与实时交互的角度和需求出发,理想的数字孪生不仅要支持跨接口、跨协议、跨平台的互联互通,还强调数字孪生不同维度间的双向连接、双向交互、双向驱动,还需具备实时性,从而形成信息物理闭环系统。

6. 功能及服务

建立数字孪生的目的是基于物理对象和数字模型的连接和映射来提供一系列的功能及服务,包括可视化、监测、仿真、验证、预测、排除故障、优化等,这些都是数字孪生可支持的功能及服务。当前,数字孪生已经在不同行业不同领域得到了广泛应用,基于模型和数据双驱动,数字孪生不仅在前述的这些方面体现其价值和作用,还可针对不同的对象和需求,提供特定的功能与服务。

9.3.4 数字孪生的现实意义

数字孪生是实体产业进行数字化转型过程中必不可少的手段和技术,同时也是由物理世界迈向数字世界和虚拟世界,最终达到超越现实世界的元宇宙,进入数字文明的基础阶段。数字孪生具备以下现实意义。

（1）数字孪生可以提高各产业，尤其是制造业的生产、经营、监控、运营维护、产业协同等各方面的效率，全面降低成本，对故障、事件能够提前感知和预警，保障运行安全，同时能够对全产业全流程进行分析、优化，提高决策水平，提升决策效率，从而提升全行业的数字化、智能化水平，为行业转型升级、发挥数据生产力作用提供技术基础。

（2）生产经营。对生产、经营的全过程进行监控、模拟及分析决策，节约实际投入成本，提高生产经营效率。

（3）维护。数字孪生技术提供了设备、产品、过程的数字孪生体，每一个物理对象都可以进行跟踪和监控，可以实时掌握设备运行状况，同时对采集和监测的数据经过分析、挖掘，可以成为设备异常模式的预测模型，以便在设备故障发生之前进行干预，并通过数字孪生系统远程解决问题，减少故障率，缩短维护时间及成本。

（4）运营。针对设备运行问题，可以预先在数字孪生体进行重复性实验和验证，对物理设备不产生干扰，既安全又高效。

（5）成本。通过使用数字孪生体对设备、厂房、产品、流程等进行预测性的仿真运行、维护和优化，可以大大降低实际的物理投入，降低运营成本和支出，并延长设备资产的使用寿命，降低故障率及故障恢复时间，从而从各方面节约成本。

（6）优化。数字孪生系统允许在数字模型上进行各个环节及流程的模拟仿真，对全过程进行优化。

当然数字孪生所能带来的优势和效益还远不止上面所列出的这些，随着数字孪生技术在各行业的深入应用和探索，势必会发掘出更多产业价值和意义，全面促进数字化转型及数字经济发展。

9.3.5　数字孪生的应用场景

数字孪生现在已经被应用在各行各业的数字化建模、仿真、监控运行、产业协同、应急管理等方面。其中典型的应用领域包括智能制造、数字建筑、数字能源、数字医疗、智慧文创、智慧旅游、智慧城市、智慧交通等,下面列举其中一些代表性的应用场景。

1. 智能制造

数字孪生发展最早、应用最广泛的领域在于智能制造领域。其应用范围也涵盖产品、生产制造、运行维护、服务、供应链、产业链等各个环节和方面。

首先在产品方面,数字孪生应用覆盖产品的设计、研发、工艺规划、制造、测试、运维等全生命周期,解决其过程中的复杂性和不确定性,进行科学的分析和决策。数字孪生的理念为复杂产品设计提供了全新的思路和方法,在设计阶段可以采用多学科协同的设计理念,在统一平台上实现产品的机械、电气、自动化的协同设计和同步仿真,能够及时反馈和修正数字孪生模型,并通过虚拟调试对设计结果进行虚拟验证和方案优化。基于数字孪生,在产品还没有生产出来之前,就在虚拟环境中完成了产品的所有设计和大部分调试工作,有效减少了返工次数和开发时间;通过可视化交互和虚拟验证,实现了基于需求的精准开发和持续优化,从而提高了新产品研发成功率和产品质量。

在生产制造过程中,数字孪生技术可以应用于从设备层、产线层到车间层、工厂层等不同的层级,贯穿于生产制造的资源配置、调度优化、质量管理和追溯、能效管理、安全管理等各个环节,实现对生产过程的仿真、评估和优化,系统地规划生产工艺、设备、资源,并能够实时监控生产工况及设备状况,及时发现和应对生产过程中的各种现场故障及安全风险,实现降本、增效、保质保量的目标,并满足环保及安全生产的要求。此外,数字孪生在工厂的设计、建造,生产线调试、安装,工厂运行监控、工业安全等方面也能够给企业带来价值。

在运行维护方面,数字孪生可以随时掌握和还原现场及设备的状况,对其进行查询、分析、管理、监控和预测,能够总结出最优的运行经验和方法,也可以实现预测性的维护和调度,尤其是还能随时侦测到故障和异常,实现实时报警,并制定和执行解决及应急方案。

供应链的数字孪生提供对供应链端到端的实时可视性和基于数据驱动的洞察和决策。供应链数字孪生综合来说可以实现全程可视、高效协同、精益管理、科学决策、快速响应,提升服务体验,实现产品创新。

数字孪生可以构建全产业链的数字化协同体系,将设计、研发、生产、供应、物流全部整合为一体,协同创造价值。产业链数字孪生可以优化全产业的资源配置,实现全产业的综合成本降低和精益化的运营协作,还可以促进行业横向和纵向的联合,集中品牌、设备、生产、设计等各方面的优势资源,共同开拓和服务市场,实现产品创新。

2. 数字建筑

数字建筑是将数字孪生使能技术应用于建筑科技的新技术,简单说就是基于物理建筑模型,使用各种传感器全方位获取数据和信息,在虚拟空间中完成映射,对相应的实体建筑进行全生命周期管理的过程。

数字建筑需要集成 BIM(建筑信息模型)及云计算、大数据、物联网、移动互联网、人工智能等信息技术,引领产业转型升级。它结合先进的精益建造理论方法,集成人员、数据、技术、业务系统,以及从规划设计到施工、运维全生命周期的业务流程,实现建筑的全过程、全要素、全参与方的数字化、在线化、智能化,从而构建项目、企业和产业多方共赢、协同发展的平台生态新体系。

数字建筑具有 3 大典型特征,即数字化、在线化、智能化。其中数字化是基础,围绕建筑本体实现全过程、全要素、全参与方的数字化解构的过程。在线化是关键,通过泛在连接、实时在线、数据驱动,实现虚拟和实体建筑及产业有效融合的连接与交互。智能化是核心,通过全面感知、深度认知、智能交互,基于数据和算法逻辑的无限扩展,实现以虚控实、虚实结合进行决策与执行的智能化革命。

数字孪生在数字建筑领域可以支撑新设计、新建造、新运维。新设计是通过全数字化样品,在实体项目建设开工之前,集成各参与方与生产要素,通过全数字化打样,消除各种工程风险,实现设计方案、施工组织方案和运维方案的优化,以及全生命周期的成本优化,保障大规模定制生产和施工建造的可实施性。新建造可以对建筑的建造、装配全过程进行数字化的模拟、规划、监控、评估及优化,并协调建材、设备、管道、线路等的供应和安装,实现全流程的信息化和标准化管理,节省人力、财力,提高效率,缩短工期,实现安全生产及管理。新运维通过数字建筑把建筑升级为可感知、可分析、自动控制,乃至自适应的智慧化系统和生命体。对一栋建筑可以综合监控及分析其空间、环境、资产、设备、管线、能耗、人员,评估其安全、应急、消防、节能等管理及措施,及时发现问题及隐患。建筑的智慧运维可以自行发现问题和异常并进行检测诊断。

3. 数字能源

当前全球的能源行业都在进行数字化的转型和发展,我国的能源体系,包括油、电、气、煤等,也在深入推进改革,综合向着智慧能源及能源互联网的产业方向发展。数字孪生能够应用在整个智慧能源生态链的构建、能源设备及管网的管理监控,以及能源互联网的规划、建设、运维、监控、安全、交互等各个方面,进行全生命周期的管理,发挥重要作用。

智慧能源生态包含能源的生产、存储、传输、分配、消费、交易等环节,面向智慧能源生态的数字孪生系统将贯穿所有这些环节,打破能源行业的时间和空间限制,促进各业务种类的全方位整合与统一调度管理。通过构建云边端一体的数字孪生协同服务平台,还能够实现能源从生产到消费的高效转换,提高能源的使用与流转效率。如在能源生产环节,通过建立能源生产机组的数字孪生虚拟映射模型,能够实时对能源生产机组的运行环境及状态等进行监控和模拟仿真运行,及时制定各能源生产机组的最优运行策略;在能源市场方面,能源产业的迅猛发展产生了多元化的新型交易市场服务需求,利用数字孪生可以掌握供需双方的信息及要求,进行精准的撮合和匹配,促进能源的最佳分配及利用。同时还可以建立安全风险评估准入机制,联合将能源交易信息的安全风险降到最低。

在能源管网及设备的运行、监控、维护方面,由于我国的能源管网及设备规模庞大,分布众多,对于它们的监控管理是保障能源命脉的基础,同时也能优化能源系统及设备的运行维护。通过系统地建立能源园区、场站、设备、管网、线路的数字孪生体系,能够形成对应实体的数字化映射,包括地图、模型、状态、数据,以及检修、维护保养过程及记录,实现对设备的全生命周期管理。同时也能根据能源设备的负荷情况进行实时控制,实现智能增效,提高设备利用率和系统稳定性;此外,还能支持对设备及线路的寿命健康预测、故障预测和诊断、安全及应急处理等操作。如数字孪生电网,首先对电力网络中的智能设备进行全方位的数据采集,随后建立电网的数字孪生模型,实现对电网运行状态的实时感知,进而对电网的健康状态进行评估和预测,如异常检测、薄弱环节分析、灾害预警等。

4. 数字医疗

数字孪生在数字医疗领域的应用非常广泛,凡是与医疗健康相关的行业及方向都可以应用数字孪生技术，其中包括数字医院、数字手术室、数字化医疗设备及其在线监测和在线培训、数字孪生人体、精准医疗、智慧医疗保健、健康监测与管理等。

数字医院能够把医院的建筑、楼宇、医疗设备、医疗信息系统、临床作业系统，以及医疗及健康数据等全面进行数字化，建立数字孪生，实现虚实结合的智能化管理和运行。在医院建立及运行之前，数字孪生就能帮助规划和模拟医院的有效建设和运行，预估运行的体量、能够容纳的病人总量及床位数目、需要的专业医护人员的水平及数量等，并且对信息化系统进行统一建设和连接，保障数据的高效无缝流转。

在数字医院里，医疗设备及设施、检测、化验、诊断、治疗、配药的全过程都是数字化的，检测及化验结果实时就可以获取，就医及治疗过程全程可视可追溯，甚至还可以利用机器人来进行手术。基于数据驱动的运行和管理，可以极大地提高运行效率，降低人为的失误，及早侦测异常及风险，总结经验及教训，提升医疗服务水平及用户满意度。

利用医疗设备的数字孪生，可以建立与之完全映射的数字化虚拟模型，一方面可以实现对医疗设备的在线实时的监测和控制；另一方面，可以将复杂的操作，基于更加直观的人机互动界面，使培训的专业人员在很短的时间就能熟悉和掌握。

数字手术室是在物理手术室的基础上，应用现代化信息技术，构建数字化的手术室环境。它既可以是构建完全模拟的非真实手术室环境，用来进行虚拟手术，也可以是基于物理手术室的完全映射，形成 1:1 的数字化手术室，能够实现物理手术室和数字模型的交互。基于数字化医疗设备，对手术室的所有设备及设施、医疗器械、灯光、包括手术过程都可以进行精确的模拟和映射。虚拟手术室还能够支持远程手术指导及会诊，手术室具有远程连接的能力,能够实时地传送手术过程信息、病人生命体征变化信息和电子病历、影像信息,使得异地的专家及手术医生能够进行远程的会诊。此外,远程的手术医生还能够对手术室云台进行实时控制,实现远程及协同手术。

基于数字孪生,还可以构建人体的数字孪生。其包括几何模型,体现的是人体的外形和内部器官的外观和尺寸;物理模型,体现的是神经、血管、肌肉、骨骼等的物理特征;生理模型,是脉搏、心率等生理数据和特征。还有生化模型,要在组织、细胞和分子的多空间尺度,甚至毫秒、微秒数量级的多时间尺度,展现人体生化指标。基于虚实结合的人体数字孪生,可以提供各类医疗健康服务,包括精准医疗、精准健康监测与管理、远程医疗、手术验证与优化等。数字孪生将会成为健康管理、健康医疗服务的新平台和新实验手段。

9.4 AIoT

9.4.1 AIoT 概述

AIoT(人工智能物联网)是 AI(人工智能)与 IoT(物联网)的完美融合。简单来说,AI 像是大脑,负责数据处理;IoT 是神经末梢网络,负责连接、数据收集、数据反馈和控制。AIoT 融合 AI 技术和 IoT 技术,通过物联网产生、收集来自不同维度的、海量的数据,并存储于云端和边缘端,再通过大数据分析,以及更高形式的人工智能,实现万物数据化、万物智联化。AIoT 最终追求的是形成一个智能化生态体系,在该体系内,实现不同智能终端设备之间、不同系统平台之间、不同应用场景之间的互融互通,万物互融。

9.4.2 AIoT 的发展历程

AIoT 并不是全新的技术,而是一种新的 IoT 应用形态,从而与传统 IoT 应用区分开来。AIoT 是在物联网实现物物连接的基础上赋予其更智能化的功能和特性,做到智慧互联。传统的物联网是通过有线和无线网络,实现物-物、人-物之间的相互连接,而 AIoT 不仅是实现设备和场景间的互联互通,还要实现物-物、人-物、物-人、人-物-服务之间的连接和数据的互通,以及人工智能技术对物联网的赋能,进而实现万物之间的相互融合,使得用户获得更加个性化的、更好的使用体验和更好的操作感受。

AIoT 的发展经历了 3 个阶段。

1. 单机智能

智能设备与设备之间不发生相互联系,由用户主动发起交互需求,系统感知、识别和理解用户的指令,进行正确决策、执行以及反馈,如语音单独控制电视,或是空调这样的单个设备。

2. 互联智能

在单机智能基础上,通过中心云连接多个终端,设备与设备之间可以通过一个指令进行联动,如智慧家居系统,通过一条语音指令可以实现空调温度调节、电视播放、采光调节等,或车联网系统,通过语音指令实现车内控制、导航、娱乐等多项交互。

3. 主动智能

在互联智能基础上,系统根据环境、时间和用户行为偏好等,进行用户画像,自动学习适应,并主动提供服务。如在智能家居系统里,自动感应并控制灯光、屋内温度、音乐播放等;又如智能交通里的 L4、L5 级自动驾驶,工业互联网的自动化生产线、物流机器人等。

9.4.3　AIoT 的体系架构

AIoT 的体系架构中最上端是各种集成服务,可以应用在各个行业,包括消费级 IoT(如智能音箱),还有人居、城市、物流、交通、零售、制造、医疗、教育等。底层主要包括智能设备及解决方案、操作系统和基础设施 3 大层级。AIoT 的体系架构如图 9.1 所示。

智能设备是 AIoT 的"五官"与"手脚",可以完成视觉、音频、压力、温度等数据收集,并执行抓取、分拣、搬运等行为,通常智能设备都会与配套的解决方案一起提供给用户。

操作系统层相当于 AIoT 的"大脑",例如华为的移动端操作系统鸿蒙(HarmonyOS)。主要能够对设备层进行连接与控制,提供智能分析与数据处理能力,并提供对应的开发平台及基础服务。通常以平台即服务(PaaS)的形态存在。

基础设施层是 AIoT 的"躯干",提供服务器、存储、网络、数据中心,以及 AI 训练和部署能力等 IT 基础设施。

9.4.4　AIoT 的应用场景

随着数字技术的深度融合及应用,AIoT 已经被广泛地应用于各个行业,并与云计算、大数据等平台结合起来,其应用范围还在不断扩大。比较典型的 AIoT 应用有智慧家居、工业互联网、智慧物流和智慧医疗等。

1. 智慧家居

智慧家居是目前 AIoT 应用非常火热的行业之一,科技企业和

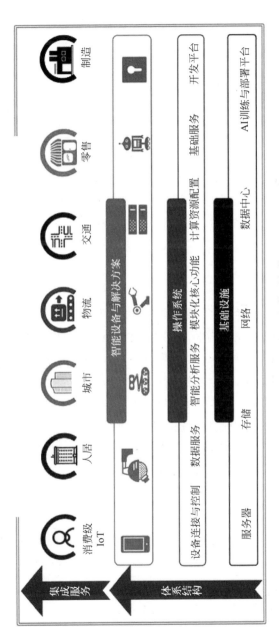

图 9.1 AIoT 的体系架构

传统家电企业纷纷推出各自的产品，打造自有生态。家庭智能音箱是一个代表性的产品。如 Google Home，它是一个智能盒子，里面内置了处理系统以及 Google 助理。Google Home 借助日渐强大的 Google 助手对用户的语音控制进行识别，从而转换为智能家居全面智能声控的信息源。Google Home 可以播放音乐、讲故事、连接灯光、电视、恒温器等，成为家庭的控制中心。类似的产品还有 Apple HomeKit、海尔 U-home、百度小度、阿里天猫精灵等。小米、创维、海信等厂商则相继推出了各自的 AIoT 电视，目的在于将电视作为总控制中心，通过全场景智能，实现对空调、冰箱及洗衣机等智能设备的控制。AIoT 将逐步赋予智能家居真正的智能。

2. 工业互联网

工业互联网的 AIoT 通过物联网收集机器及设备的运行数据，AI 系统借助数据进行分析、预测和决策，从而能实现智能化、自动化的监控、运营及维护。具体可以应用在设备健康管理、远程维护、设备能源管理、安全监控等各个方面。在设备健康管理方面，可以实现关键设备及零部件的故障诊断、预测性报警、降低设备维修率等，还可以远程监控、调试、控制执行等；在设备能源管理方面，可以进行自动的能耗分析、用能趋势预测等，从而进行相应的能耗控制和平衡，实现安全用能、节能环保。

3. 仓储物流

通过仓库的场地及库存监控、仓储模型、流程分析和 AGV（自动导引运输车）等自动化机器人设备，可以实现仓位优化、自动化出入库、智慧分拣、异常订单处理分析，还可以提高货物进出效率、扩大存储容量、减少人工强度和成本等。

4. 智慧医疗

通过智能可穿戴设备自动收集用户的健康数据,系统进行分析,提供疾病预防、诊断及康养建议,可以实现用户的居家健康监测及管理。在医院可以提高诊疗的效率,为用户和医院带来更舒适的医疗健康体验。

9.5 智慧城市 3.0

智慧城市(Smart City)的概念起源于 2009 年 IBM 公司提出的智慧地球规划。智慧城市是指在城市规划、设计、建设、管理与运营等领域中,通过新一代数字技术的应用,使得城市管理、教育、医疗、房地产、交通运输、公用事业和公众安全等城市组成的关键基础设施组件和服务更互联、高效和智能,从而为市民提供更美好的生活和工作服务,为企业创造更有利的商业发展环境,为政府赋能更高效的运营与管理机制。

自 2009 年该概念提出,智慧城市在全球已经经历了十几年的发展和实践,不同国家或地区、不同城市的发展策略及重点也有一定的区别和特色,但总的来说智慧城市已经与云计算、大数据、人工智能、物联网、区块链、数字孪生、虚拟现实/增强现实等数字技术进行了深度的融合,当前已经进入智慧城市 3.0 的时代。

9.5.1 智慧城市 3.0 概述

智慧城市 3.0 是智慧城市概念及模式的全面升级,其核心是由原来的单点突破的 1.0 模式,以及重建设、轻运营、数据相对割裂的 2.0 模式发展为将人、产业、城市进行深度融合,依托智能的

"城市大脑"中枢来进行协同综合治理的 3.0 模式,来综合驱动城市的规划、建设、治理和运营。也就是建立以城市智能中枢为共性支撑和能力供给的全新数字化转型及治理运营模式。

在智慧城市发展的过程中,出现了三大转变:一是治理思路从"城市数字化"转变为"数字化城市";二是阶段重点从"建设智慧城市"转变到"运营智慧城市";三是互动形式从"人与人的连接"升级到了"万物互联"。同时,随着全球对气候环境的关注,历经我国的"双碳"战略的承诺和实施,中国的智慧城市也进入到绿色低碳发展新阶段。

智慧城市 3.0 时代的建设和运营的发展导向重点聚焦在创新协同、为民服务、数据共享、产业赋能、安全保障、绿色低碳等方面,其中创新协同是全面增强数字基础能力,实现产业融合、协同创新;为民服务是面向居民及个体,从各方面提升管理服务水平;数据共享是实现各行各业的数据互联互通,打破数据孤岛,实现数据共享和协同,加强和提升数字经济的效益和效能;产业赋能则是加强智慧化服务在政务、乡村振兴、智能制造、交通、教育、医疗、金融等各个重点领域的深化应用;安全保障则是从数据、管理、运行、协作等各方面进行安全保障,建设综合管理运营体系;绿色低碳则是积极推进双碳目标的实现,加快各行业的低碳、零碳及数字化转型过程。

9.5.2 智慧城市 3.0 的发展历程

前面也提到,智慧城市的发展大体上经历了 3 个阶段。

智慧城市 1.0 阶段:属于智慧城市建设的探索期。这一阶段建设的重点是智慧城市的基础设施,包括 4G 及宽带、WiFi 城市等网络基础、城市公共信息平台与数据库等;建设模式以单一目标的分散建设为主,如智慧交通、电子政务等。这个阶段主要解决的是各个行业、各个部门在垂直领域更加专业、更加精细化管理的问题。如在交通领域,交管部门和运输部门通过更多技术的应用,包括 RFID 和新型智能摄像头等,能够解决交通协同管控的问题。这个时期的主要问题是数据及业务板块都是分散的,数据孤岛现象比较严重,投资和建设等都没有统筹规划;在运营方面,一般是政府指定运营主体,并建立集中的运行监督体系。

智慧城市 2.0 阶段:实现了以城市为单位的目标、架构和资源的统筹规划,形成了一定程度的大数据的集中,并围绕城市的各个智慧应用进行重点建设。这一阶段 WiFi、光纤宽带等网络基础设施得到了普遍升级;城市数据集中但是汇聚少;来自于政务系统的结构化数据多,非结构化数据汇聚与应用少。电子政务、互联网+政务服务(一号、一窗、一网)、政务大数据等都是建设重点,面向市民的服务应用也比较多,但城市平台能力不足,服务效果不够深入。在运营方面,采取以政府为主导的管建模式,鼓励政府与社会资本合作并支持第三方运营。

智慧城市 3.0 阶段:建设城市"智慧大脑",打造城市"智能中枢",依托数据融合、数据驱动,实现"人-产-城"全场景、全行业智慧融通的服务效应,在数字政府、数字产业、数字生活、数字生态等领域进行全方位、高质量的场景升级和服务。智慧城市的重点也由建设转向运营,强调城市数字、智慧、生态持续优化,以及完善的长效运营机制,探索创新场景应用。

9.5.3 智慧城市 3.0 的特征

智慧城市进入 3.0 时代,具备以下几个核心特征。

1."人-产-城"的深度融合

智慧城市 3.0 不再是单独的城市建设,产业升级和人居服务,而是要将这几方面全面融合,进行综合的规划、建设、运营及服务,并在经济模式、社会关系、产业协同方面实现全面创新。需要对物理城市的人、物、事件、产业、生态等所有要素进行数字化,在网络空间再造一个与之对应的"数字城市",形成物理维度上的实体城市和信息维度上的数字城市同生共存、虚实交融的格局,通过数字化和智能化的监测、分析、运营和服务,以面向"人-产-城"的融合服务为中心,来全面提升城市的运营服务能力、水平和效率。

2. 智慧的"城市大脑"中枢

依托城市感知网络和数据融合生态,建设城市的数字孪生,基于数字孪生和城市信息模型(City Information Model)可以构建智慧的"城市大脑",即城市的智慧运营和决策中枢,实现基础设施数字化、事件时空化、决策可视化、管理智能化,持续推动城市的智能运行及创新发展。城市大脑是城市运营、治理、决策、指挥的主要载体,以此为依托,面向未来启动基于数据驱动的智慧化、实时化城市治理和城市运营。城市大脑可以支持决策者用定量和定性的方式,在数字世界推演城市管理和运行的方方面面,包括城市基础设施、环境、交通、天气、安全、应急等要素的交互运行,绘制"城市画像",然后将数字世界的推演再实施、运用到物理世界,实现城市治理"一盘棋"的综合最优化布局。

3. 产业全面融合

近年来,我国在持续加强和推动数字技术与产业的紧密融合。在"新基建"的基础上,国家提出了发展新型城市基础设施建设("新城建")的战略,加快推进基于信息化、数字化、智能化的新型城市基础设施建设。深入实施创新驱动发展战略,抢抓世界新一轮科技革命和产业变革机遇,构建以第五代移动通信技术(5G)、大数据、人工智能、工业互联网、卫星互联网等为核心的基础信息网,以城际高速铁路、城际轨道交通、智能交通基础设施等为核心的枢纽交通网,以特高压、新能源充电桩、智慧能源基础设施等为核心的智慧能源网,以高品质科创空间、重大科技基础设施、公共服务平台等为核心的科创产业网,着力创造新供给、激发新需求、培育新动能,使城市治理模式得到创新,城市管理效率、民生服务效率得到提高,城市参与式规划、网格化管理、精益化运营得到应用。

4. 数据全面融合

城市的数字孪生及城市大脑的基础是城市所有数据的全面融合。基于城市感知网络(传感器、视频、市民、各单位和公共设施数据以及第三方数据)进行数据采集和监测,在统一信息基础设施之上,汇聚城市各行业应用的数据,实现城市不同部门异构系统间的资源共享和业务协同,并建立安全认证、数据集成、服务集成和流程集成的标准和体系,通过提供数据存储、分析挖掘能力,从而搭建起整个智慧城市的数据基础框架。

基于融合的数据基础框架,结合先进的人工智能、算法和模型,可以实现城市经济社会运行状况的动态监控、预测决策和智慧调度;面向各领域业务创新的需求,对海量、多源、异构的城市数据实现层次化、集成化、网络化、标准化、可视化统一管理,并将数据打包成标准化的服务,供各领域智慧应用直接调用,减低应用创新成本。智慧城市还需要促进数据要素的市场化有效配置,最大化地发挥数据的生产力价值,促进城市数字经济发展。

5. 技术全面融合

智慧城市 3.0 还是数字技术的全面融合和应用,城市的物联网感知网络融合了物联网及 5G、WiFi、城市光纤宽带等各种通信基础设施技术,结合大数据、区块链、人工智能、虚拟现实/增强现实等技术,形成城市数字孪生及城市信息模型,并通过人工智能算法及模型,对城市的管理运营进行分析、预测和决策,并全面服务智慧城市的各个产业及行业应用,包括政务、医疗、交通、教育、旅游、能源、环保、工业制造、农业、企业服务等。

6. 场景驱动

智慧城市 3.0 依托数据融合和技术融合,在城市数字孪生和城市信息模型的支持下,可以形成场景驱动的城市规划、建设、运营、决策、管理和服务模式,全面提升城市规划质量和水平,推动城市设计和建设,也能精细化管理城市细节,帮助各级管理者及时做出最佳的决策,对城市经济社会综合运行状况进行监测、综合预测决策、综合协调调度,并提升城市生活与环境品质。场景驱动不仅赋予了城市政府全局管理运行和实时治理能力,更带给所有市民能感受到的品质人居体验。场景驱动还可以全面运用到市政管理、生态治理、交通治理、市场监管、应急管理、公共安全等不同领域系统,制定全域一体的闭环流程和应急处置预案,实现预防与控制,进而实现城市治理的协同联动和一网统管,提升智慧城市的综合调度、运营和管理水平,提升服务质量和满意度。

7. 生态低碳

我国已经向世界郑重做出了"2030 年实现碳达峰,2060 年实现碳中和"的承诺,智慧城市 3.0 还需本着生态、绿色、低碳发展的原则,在智慧城市的规划、建设和运营方面,优先关注保护气候、保护环境、保护生态,实现智慧化的市政、社区、能源、环卫、污废管理及运营,实现全方位的碳排放监测、碳计量及全域全生命周期的碳管理,全面探索绿色园区、绿色能源、绿色建筑、绿色交通、生态固碳等的规划及管理,使"生态绿城、低碳新城"成为城市高质量发展最鲜明的底色,实现人与生态的和谐共处与平衡发展。

参 考 文 献

［1］ 新华网.中共中央关于坚持和完善中国特色社会主义制度推进国家治理体系和治理能力现代化若干重大问题的决定［EB/OL］.（2019-11-5）［2022-10］.http://www.xinhuanet.com/politics/2019-11/05/c_1125195786.htm.

［2］ London：His Majesty's Treasury. The economic value of data：discussion paper［R/OL］.［2018-08］.https：//assets.publishing.service.gov.uk/government/uploads/system/uploads/attachment_data/file/731349/20180730_HMT_Discussion_Paper_-_The_Economic_Value_of_Data.pdf.

［3］ ERETH J. DataOps-Towards a Definition［J］.LWDA,2018,2191：104-112.

［4］ 连纯华.高校信息化建设中的信息孤岛现象及对策［J］.教育评论,2009(1)：36-38.

［5］ 习近平.实施国家大数据战略加快建设数字中国［J］.中国卫生信息管理杂志,2018,15(1)：5-6.

［6］ HUBBARD D W. How to Measure Anything：finding the Value of "Intangibles"in Business［M］.John Wiley& Sons,2014.

［7］ PROVOST F,FAWCETT T. Data science and its relationship to big data and data-driven decision making［J］.Big Data,2013,1(1)：51-59.

［8］ IDC《数据时代 2025》［EB/OL］.（2017-05-11）［2022-09］.https：//www.sgpjbg.com/baogao/62098.html.

［9］ 华夏时报金融研究院.数据智能下的金融数字化转型 2022 年度报告［R］.《华夏时报》［EB/OL］.（2022-4）［2022-09］.https：//max.book118.com/html/2022/0330/8143035137004066.shtm.

［10］ 国家金融与发展实验室［EB/OL］.（2022-06-18）［2022-09］.https：//baijiahao.baidu.com/s?id=1735906412737571581&wfr=spider&for=pc.

［11］ 周济.新一代智能技术将为制造业升级插上"腾飞翅膀"［EB/OL］.（2022-06-25）［2022-10］.https：//m.gmw.cn/baijia/2022-06/25/35836906.html.

［12］ 工信部等四部门部署开展 2022 年度智能制造试点示范行动［EB/OL］.（2022-09-30）［2022-10］.http：//news.10jqka.com.cn/20220930/c642121339.shtml.

［13］ 《数据新视界——从边缘到核心，激活更多数据价值》［EB/OL］.（2020-07-16）［2022-09］. https：//www. seagate. com/files/www-content/our-story/rethink-data/files/Rethink_Data_Report_2020. pdf.

［14］ 童妙. 新动能新山东|汇聚 6 亿人的健康数据 国家健康医疗大数据中心（北方）打造健康领域的"最强大脑"［EB/OL］.（2020-11）［2022-09］. https：//baijiahao. baidu. com/s?id=1682965313090729095.

［15］ InfoQ. 激荡十年：云计算的过去、现在和未来［EB/OL］.（2019-04-23）［2022-10］. https：//www. huxiu. com/article/295847. html.

［16］ AF 智慧城市网. 多地时空大数据平台建设迎来新进展［EB/OL］.（2022-10-09）［2022-10］. https：//baijiahao. baidu. com/s?id=1746180687092830936&wfr=spider&for=pc.

［17］ 源中瑞科技. 智慧城市从 1. 0 到 3. 0 的历史发展［EB/OL］.（2018-12-27）［2022-10］. https：//www. ruiec. com/Content-news-id-933. html.

［18］ 谢世诚. 从智慧城市 1. 0 发展至今，联想如何描绘智慧城市 3. 0＋?［EB/OL］.（2022-5-26）［2022-10］ https：//www. doit. com. cn/p/480585. html.